普通高等院校"十二五"规划教材

材料力学实验指导书

张应红　杨孟杰　编

西安电子科技大学出版社

内 容 简 介

　　本书分为 4 章：第 1 章介绍了材料力学的实验内容、实验标准以及要求等；第 2 章主要介绍了测定材料的力学性能的设备以及实验方法，并介绍了材料的拉伸、压缩、扭转及疲劳等几个典型实验；第 3 章着重介绍了电测应力法理论基础，详细介绍了电测应力实验设备，并介绍了应用应变测试原理制作的传感器；第 4 章为电测应力实验项目，详细讨论了电测应力实验方法在实际教学中的应用，并介绍了若干电测应力的典型实验。

　　本书可作为高等院校材料力学课程的实验教材。

图书在版编目(CIP)数据

材料力学实验指导书/张应红，杨孟杰编. —西安：西安电子科技大学出版社，2016.2
普通高等院校"十二五"规划教材
ISBN 978 - 7 - 5606 - 4002 - 0

Ⅰ. ① 材… 　Ⅱ. ① 张… 　② 杨… 　Ⅲ. ① 材料力学－实验－高等学校－教学参考资料
Ⅳ. ① TB301 - 33

中国版本图书馆 CIP 数据核字 (2016) 第 020347 号

策　　划　陈　婷
责任编辑　陈　婷　刘志玲
出版发行　西安电子科技大学出版社(西安市太白南路 2 号)
电　　话　(029)88242885　88201467　　邮　编　710071
网　　址　www. xduph. com　　　　　　电子邮箱　xdupfxb001@163. com
经　　销　新华书店
印刷单位　陕西天意印务有限责任公司
版　　次　2016 年 2 月第 1 版　2016 年 2 月第 1 次印刷
开　　本　787 毫米×960 毫米　1/16　印张 7.5
字　　数　90 千字
印　　数　1～2000 册
定　　价　15.00 元
ISBN 978 - 7 - 5606 - 4002 - 0/TB

XDUP　4294001 - 1

＊＊＊ 如有印装问题可调换 ＊＊＊

本社图书封面为激光防伪覆膜，谨防盗版。

前　言

随着科技的发展，社会对人才的需求发生了变化，对创新应用型人才的需求越来越大。高等教育培养方针需要不断地深化改革，实验教学应重视培养学生的创新和动手能力，以适应对学生综合实践能力及创新精神培养的需要。因此，根据我们多年教学与研究积累的经验，推出了这本新编实验报告。

本书是在国家教委制订的材料力学课程教学要求的基础上，结合桂林电子科技大学工科类材料力学及工程力学课程的教学特点和具体情况编写而成的。本书的特点是简明扼要、方法规范、重点突出、注重实践、实用性强。本书共 4 章，第 1 章为绪论，概述了材料力学的实验内容和实验标准以及要求等；第 2 章为材料的力学性能测定，主要介绍了测定材料的力学性能的设备以及实验方法；第 3 章着重介绍了电测应力法理论基础，并详细介绍了电测应力实验设备；第 4 章为电测应力实验项目，详细介绍了电测应力实验方法在实际中的应用。本书力求通俗易懂、简单易学，方便教师组织实验课的教学，指导学生实验。

本书由桂林电子科技大学力学实验室张应红、杨孟杰编写，张应红负责最后统稿。

由于编者水平有限，加之编写时间仓促，书中难免有不妥之处，望广大师生和读者不吝指正。

编　者
2015 年 9 月

目　　录

实 验 守 则

（1）课前应认真预习相关实验内容以及仪器设备介绍，了解基本实验原理，明确实验目的，完成预习报告。

（2）认真听取指导老师对仪器及设备的基本构造、基本原理、实验要求以及注意事项等的进一步讲解。

（3）以科学态度认真设计实验方案，不断培养科学实验的素养、能力和良好的习惯。在实验过程中，仔细观察，认真思考，如实记录实验数据，每个实验小组的原始实验数据记录需经指导老师检查签字后方可结束实验。

（4）爱护仪器设备，细心操作，注意安全，未经许可不乱动与本实验无关的仪器设备，实验中若发生意外或发现异常现象，应立即停止实验，并及时报告指导老师，采取有效措施。

（5）以文明作风结束实验，将所用的仪器按操作规程恢复为初始状态。将所用的量具、工具等合理放置，收拾好桌凳，做好整理清洁工作。将破坏的试件放在指定的回收箱内，未经教师许可请勿擅自带离实验室。

（6）实验报告是实验的总结资料，是培养学生科学实验素养，提高科学实验综合能力的重要环节，也是考核学生实验成绩的重要依据之一。同组同学可以共享原始实验数据，实验报告则需独立完成。课后一周内，由学习委员或班长统一送交指导老师批阅。

（7）按照预约时间进入实验室，不得迟到、早退。

（8）进入实验室，举止文明，不大声喧哗、嬉戏、吸烟、随地吐痰及乱扔杂物纸片等。

（9）遵守纪律，遵守实验操作规程。对于新设计的实验方案，务必经指导老师确认后方可进行。

因违章操作造成事故者，将追究其责任并按照相关管理规则作相应处理。

实验报告书写须知

撰写实验报告是科学研究的基本训练，是培养科学实验素养，提高科学实验综合能力的重要环节，也是考核学生实验成绩的重要依据之一。同组同学可以共享原始实验数据，实验报告则需独立完成。

撰写实验报告应仔细认真，内容完整，条理分明，数据实事求是，书写工整，图表规范，体现优良的科学实验素养。

实验报告主要包括下列内容：

① 实验名称，实验人（及同组人员）姓名，班级，实验日期。

② 实验目的，实验基本原理概述和测试系统简图。

③ 使用仪器设备及模具的名称、型号、量具等。

实验报告需有原始实验数据记录，有效数字的位数必须符合测量仪器、设备及模具的精度（一般情况下，仪器的最小刻度代表其精度），相应表格中数字的小数应该相同，在多次测量同一物理量时，可取测量的算术平均值作为该物理量的具体值。

在计算中所用到的公式必须明确列出，计算过程从简，计算结果使用国际单位的常用形式表示。

用于表示实验结果的曲线绘制在坐标纸上，图中应注明坐标轴所表示的物理量和比例尺；实验的坐标点应用"●"、"○"、"□"、"▲"等记号标出，连接曲线（直线)时应根据多数点的所在位置光滑描绘，或用最小二乘法进行计算，拟合出最佳曲线(直线)。

实验报告的最后部分应对实验结果进行分析，并对教师指定的问题或教材中的相关实验项目后的思考讨论题加以讨论回答，力求简明扼要，抓住要点，突出重点。

希望能对实验的方法、原理及装置等方面提出改进的意见和建议。

一般情况下，在实验课后一周内，由学习委员或班长将实验报告统一送交指导老师批阅。

第1章 绪　　论

1.1　实　验　内　容

材料力学实验是材料力学的重要支撑。材料力学从理论上进行工程结构构件的应力分析和计算，并对构件的强度、刚度和稳定性进行设计或校核其可靠性。材料力学实验则从实验角度为材料力学理论和应用提供支持。当理论分析、计算遇到困难时，借助材料力学实验技术和方法，可直接进行结构构件的应力分析；在工程结构投入运行期间，材料力学实验的分析技术更是结构安全性评价的可靠手段之一。因此，材料力学实验能力与理论分析、计算能力的培养，具有同等重要的地位。

材料力学实验按性质可分为以下四类。

1. 测定材料力学性能的实验

材料的力学性能是指在一定温度条件和外力作用下，材料在变形、强度等方面表现出的一些特性，如弹性极限、屈服极限、强度极限、弹性模量、疲劳极限、冲击韧性等。这些指标或参数都是构件强度、刚度和稳定性计算的依据，而它们一般要通过实验来测定。此外，材料的力学性能测定又是检验材质，评定材料热处理工艺、焊接工艺的重要手段。随着材料科学的发展，各种新型合金材料、合成材料不断涌现，力学性能的测定是研究每一种新型材料的重要手段之一。

2. 理论验证实验

材料力学的一些理论是以某些假设为基础的，先将实际问题简化为力学模型，再根据科学的假设，推导出材料力学计算公式，所以必须通过实验来验证是否能将之推广到工程设计中去应用，例如弯曲正应力实验就是验证理论的实验。用实验验证这些理论的正确性和适用范围，有助于加深对理论的认识和理解。对新建立的理论和公式，用实验验证是必不可少的，实验是验证、修正和发展理论的必要手段。

3. 应力分析实验

当构件形状和受力复杂时，应力计算难以获得准确的结果。这时，用电测实验应力分析的方法直接测定构件的应力，便成为有效的方法。此类实验包括贴片实验、桥路实验、弯扭组合实验等。

4. 设计性、综合性实验

"理论是知识，实践也是知识，而且是更重要的知识"。为使学生的知识结构得到调整，使知识向更深层次、更高阶段发展，培养学生的实际动手能力、理论联系实际的能力及工程设计能力，开展设计性实验是很有必要的。此类实验有桥路实验、弯扭组合实验。

1.2 实验标准、方法和要求

材料的力学性能虽是材料的固有属性，但往往与试件的形状和尺寸、表面加工精度、加载速度、周围环境（温度、介质）等有关。为了使实验结果能互相比较，国家对试样的取材、形状尺寸、加工精度、实验手段和方法以及数据处理等都作了统一规定，即国家标准。我国的国家标准的代号是 GB。

破坏性实验，考虑到材料质地的不均匀性，应采用多根试样，然后综合多根试样的结果得出材料的性能指标。非破坏性实验，需要借助于变形放大仪表，为减小测量系统引入的误差，一般要多次重复进行，然后综合多次测量的数据得到所需结果。

实验是工程师的基本功。实验课前必须预习实验内容，实验时经教师提问合格才能参加实验。实验要勤于动手，注意安全，养成工程师的严谨作风。实验数据处理要注意单位和有效数字的运算法则，例 $F = 12.1914 \ cm^2$ 写成 $12.2 \ cm^2$ 即可。实验曲线应当根据多数点的所在位置，描绘出光滑的曲线，而不要用直线逐点连成折线。实验结果应进行误差分析，实验报告一定要独立完成。一个好的报告应当数据完整，曲线、图表齐全，计算无误，并有讨论分析。

材料力学实验报告包括以下几个内容：

(1) 实验名称、实验日期、班级、实验小组成员及报告人。

(2) 实验目的。

(3) 实验设备：应注明机器设备、仪器的名称、型号、精度及装置简图。

(4) 实验原理及实验步骤简述。

(5) 原始数据、实验记录、计算结果及实验曲线。

(6) 分析及讨论。

第 2 章　材料的力学性能测定

2.1　微机控制电子万能材料试验机

微机控制电子万能材料试验机是电子技术与机械传动相结合的新型试验机。它对载荷、变形、位移的测量及控制有较高的精度和灵敏度。试验机可自动且准确地绘制"力—位移（或时间）"、"力—变形"等曲线，并将实验数据存储于设置的文件。同时，试验机具有等速变形、实验载荷保持等功能，而且可以在力、位移及变形不同控制方式之间平滑转换。

1. 加载系统

加载系统也就是试验机的主机部分，如图 2-1 所示，它由上横梁、丝杠、活动横梁、工作台、伺服电机及传动系统等组成。由上横梁、丝杠与工作台三部分构成一个框架，活动横梁用螺母与丝杠连接。当电机通电转动时经过传动系统使丝杠旋转，活动横梁便可向上向下移动。不同的试验机工作方式和工作空间不太一样，本实验室的 CMT5105 微机控制万能材料试验机如图 2-1(a)所示，其拉伸实验只能在活动横梁和工作台之间，拉伸实验时，安装拉伸夹具，并使横梁向上移动，实现对试件的加载；CMT5205 微机控制万能材料试验机如图 2-1(b)所示，其拉伸和压缩实验分别在上横梁与活动横梁之间和活动横梁与工作台之间两个实验空间进行。无论是拉伸实验还是压缩实验，活动横梁向上移动即可对被测样品加载。

(a) CMT5105微机控制万能材料试验机　　　(b) CMT5205微机控制万能材料试验机

图 2-1　微机控制万能材料试验机

2. 控制系统

微机控制电子万能材料试验机的控制系统是一个闭环控制系统。该系统由速度设定单元、速度与位置检测器、伺服放大器和功率放大器等组成。速度设定单元主要是给出与速度相对应的准确模拟电压值或数字量，要求精度高并且稳定可靠，其速度在 0.05～500 mm/min 内可调。速度与位置检测器的作用是检测电动机的转动速度并作为速度反馈信号。伺服放大器对给定信号与速度反馈信号的差值进行放大，进而驱动功率放大器，控制电机按照预定的速度转动。

3. 测量系统

该试验机的测量系统主要用于检测材料承受的负荷大小。试样的变形及试验机活动横梁的移动量负荷监测和试件上的变形测量都是利用电阻应变式传感器和放大器来实现的。电阻应变式传感器是利用电阻应变测量原理，通过粘贴在弹性元件上的电阻应变片，将负荷和变形等机械量转换为微弱的电信号，经过测量放大器的放大处理变成可测量、可转换的模拟信号，再经 A/D 转换后变成可以显示或供计算机采集的数字信号。

4. 操作规程及注意事项

使用电子万能试验机，以低碳钢压缩实验为例，其操作步骤如下：

（1）打开试验机开关，同时打开计算机电源，并双击桌面上的"POWERTEST"图标启动实验程序，或从 Windows 菜单中点击"开始"—"程序"—"POWER-TEST"；接着在程序启动画面上点击"联机"按钮，等待数秒钟便可直接进入程序主界面。

（2）选择"实验员"，输入密码，以实验员身份登录。

（3）在实验项目菜单里选择本次实验所用的实验项目，实验方案已设定好，只需根据实验的内容选择方案。

（4）实验方案选定后，"文件名"对话框中自动生成一个文件名，该文件名以当前的系统年月日和时间自动命名，用户可以修改实验名称，实验完成后，系统将自动以修改后的文件名存盘，记录下实验数据。

（5）根据试件头部的形状和尺寸，选择适当的夹块。

（6）将试件安装在上夹头内（夹持长度为总长的三分之二），按夹具上指示方向旋转手柄夹持试件，使夹头夹住试件头部（使试件能晃动为宜，否则下降过程会产生危险）。

（7）按下"快速下降"按钮，选择适当的速度使活动横梁下降，等试件进入下夹头且到达试件三分之二长度后，停止下降。同（6）一样，按夹具上指示方向夹持试件，同样不能夹紧。

（8）将软件上面的各项数据清零，将上下夹头夹紧，按控制面板上的"校准"按钮，系统自动将夹紧试样的初始力清除，看力的数据回到 0 后，按"停机"按钮，停机。

（9）点击"开始实验"按钮，该按钮位于主界面右侧，也可以点击工具条上的"开始实验"按钮。并注意观察实验现象。试件断裂，自动停机。注意：如果无意中启动了一个没夹试样的实验。或实验过程中出现其他错误，应按"结束实验"按钮或"急停"按钮。

2.2 液压式万能材料试验机

材料试验机是测定材料的力学性能的主要设备。常用的材料试验机有拉力试验机、压力试验机、扭转试验机、冲击试验机等。能兼作拉伸、压缩、弯曲等多种实验的试验机称为万能材料试验机，简称万能机。供静力实验用的普通万能材料试验机，按其传递载荷的原理可分为液压式和机械式两类，现以国产 WE 系列为例，介绍液压式万能机。本实验室所使用的液压万能机有 WE－100、WE－300、WE－600B 等型号，其结构简图如图 2－2 所示。下面分别介绍其加载系统和测力系统。

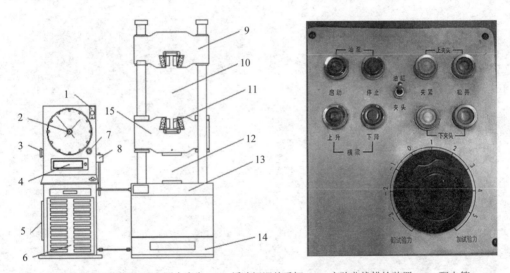

1—实验力速度调整装置；2—测力度盘；3—缓冲阀调整手柄；4—实验曲线描绘装置；5—配电箱；
6—油箱、油缸活塞；7—调零及实验力分挡；8—变形放大装置；9—上横梁；10—拉伸空间；
11—夹持部分；12—压缩空间；13—实验台；14—机座；15—活动横梁

图 2－2　液压万能试验机双空间结构示意图及控制面板图

1. 主机部分

主机由机座、实验台、活动横梁、夹持部分、丝杠、光杠等组成。试台和上横梁通过光杠联接成一个刚性框架，试台与主工作活塞通过螺钉联接。这样，就形成了两个工作空间，即：上横梁和活动横梁形成的拉伸空间；活动横梁和试台形成的压缩空间。拉伸空间与压缩空间的调整是通过活动横梁的上下移动实现的。活动横梁移动是电动机经减速器，链传动结构，丝杠副完成的。

2. 加载系统

将试样安装于拉伸空间的夹头内，由于下夹头固定，上夹头随活动平台上升，试样将受到拉伸。若把试样置放于压缩空间的两个承压垫板之间，或将受弯试样置放于两个弯曲支座上，则因活动横梁不动而实验台上升，试样将分别受到压缩或弯曲。此外，实验开始前如欲调整拉伸或压缩空间的大小，可通过调节控制面板的"快速上升"或"快速下降"按钮来调节活动横梁的升降，从而使调节到合适的位置，以便装夹拉伸试样。

3. 测力系统

加载时，开动油泵电机，打开送油阀，油泵把油液送入工作油缸，顶起工作活塞，给试样加载；同时，油液经回油管进入测力油缸，压迫测力活塞，使它带动拉杆向下移动，从而迫使摆杆联同推杆绕支点偏转。推杆偏转时，推动齿杆作水平移动，于是驱动示力盘的指针齿轮，使示力指针绕示力盘的中心旋转，示力指针旋转的角度与测力油缸活塞上的总压力成正比。测力油缸和工作油缸中油压压强相同，两个油缸活塞上的总压力成正比（活塞面积之比）。因此，示力指针的转角等于工作油缸活塞上的总压力，即试样所受载荷成正比。经过标定便可使指针在示力度盘上直接指示载荷的大小。

试验机一般配有重量不同的摆锤，可供选择。对重量不同的摆锤，使示力指针转同样的转角，所需油压并不相同，即载荷并不相同。所以，示力盘上由刻度表示的测力范围应与摆锤的重量相匹配。

本实验室所常用的液压万能机的测量范围、摆锤、度盘分度如表2-1所示。

表 2-1　液压万能试验机主要规格

型号	最大载荷/kN	测量范围/kN	砝 码	度盘分度
WE-100	100	0～20	A	50 N/格
		0～50	A＋B	100 N/格
		0～100	A＋B＋C	200 N/格
WE-300	300	0～60	A	0.1 kN/格
		0～150	A＋B	0.25 kN/格
		0～300	A＋B＋C	0.5 kN/格
WE-600 B	600	0～120	A	0.2 kN/格
		0～300	A＋B	0.5 kN/格
		0～600	A＋B＋C	1.0 kN/格

开动油泵电机。送油阀开启的大小可以调节油液进入工作油缸的快慢，可用以控制增加载荷的速度，开启回油阀，可使工作油缸中的油液经回油管泄回油箱，从而卸减试样所受载荷。

实验开始前，为消除活动框架等的自重影响，应开动油泵送油，将活动平台略微升高。然后调节测力部分的平衡砣，使摆杆保持垂直位置，并使示力指针指在零点。

4. 操作规程及注意事项

(1) 根据试样尺寸和材料，估计最大载荷，选定相适应的示力度盘和摆锤重量，需要自动绘图时，事先应将滚筒上的纸和笔装妥。

(2) 先关闭送油阀及回油阀，再开动油泵电机，待油泵工作正常后，开启送油阀将活动平台升高约 2 cm，以消除其自重，然后关闭送油阀，调整示力盘指针使它指在零点。

（3）安装拉伸试样时，可开动上夹头升降电机或摇动下夹头的升降手轮以调整上夹头或下夹头位置，但试样夹住后，不得再调整夹头位置，即不能用升降电机给试样加载，否则将烧坏升降电机。

（4）缓慢开启送油阀，给试件平稳加载，应避免油阀开启过大进油太快。实验进行中，注意不要触动摆杆或摆锤。

实验完毕，关闭送油阀，停止油泵工作，破坏性实验先取下试样，再缓缓打开回油阀将油液放回油箱。非破坏性实验，应先开回油阀卸载，才能取下试样。

2.3　微机控制电子扭转试验机

扭转试验机是进行扭转实验的专用设备，它可以对试样或小型结构施加扭转变形，能测出扭转角、扭转变形和扭矩的大小，并绘制"扭矩—扭转角"或"扭转变形"曲线等。常用扭转试验机有机械式和微机控制电子式两种类型，下面仅简单介绍微机控制电子式扭转试验机的主要组成结构及其工作原理。

1. 主要组成及工作原理

微机控制电子扭转试验机是传统的机械式与电子技术和计算机相结合的新型扭转试验机，它对扭矩及扭转变形的测量和控制有较高的精度和灵敏度。通过扭矩传感器、光电编码器将扭矩和扭转角或扭转变形信号与控制器及计算机连接可进行实时数据采集，并实时显示扭矩—扭转角或变形曲线。然后可对所采集的数据进行计算处理和分析，根据需要可以打印出完整的实验报告。

WNJ 系列微机控制电子扭转试验机如图 2-3(a)所示，采用直流电机无级调速，机械传动加载，由扭矩传感器和光电编码器分别测定出扭矩和扭转角，通过计算机采集并处理相关数据，给出扭转曲线和测试结果。其主要组成系统及结构如图 2-3(b)所示。

（1）主机及控制部分。

由控制器 AUTO CTS-500 系统驱动安装在机身内的伺服电动机 1，通过传动机构 2 带动固定在机身左端的减速箱 3，使主轴上的转动夹头 4 转动。当按要求在转动夹头 4、固定夹头 5 之间装夹上试样后，随着夹头 4 转动，试样发生扭转变形，同时固定夹头 5 右端联接的扭矩传感器 6 即可测出试样所受的扭矩，并将此扭矩通过信号线传入计算机进行处理，最后将结果显示在屏幕上。

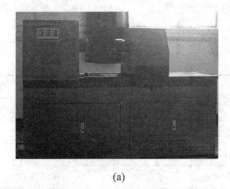

(a)

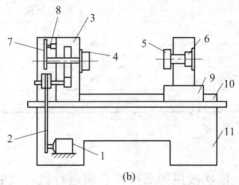

(b)

1—伺服电机；2—传动机构；3—减速箱；4—转动夹头；5—固定夹头；6—扭矩传感器；
7—测速齿轮；8—光电编码器；9—滚动支座；10—导轨；11—机座

图 2-3　WNJ 系列微机控制电子扭转试验机结构示意图

（2）扭矩及扭转角测试部分。

与转动夹头 4 同轴安装了一个测速齿轮 7，经一套齿轮带动一只光电编码器 8 转动，转动夹头 4 的转角采用高精度扭矩传感器，或者为了测试试样标距内的扭转角，可以将标距间扭转角测量装置合适安装于试样上，光电编码器具有 ±500000 码的分辨率，随着实验过程即可实时测试两夹头或标距间的扭转角，传入计算机进行采集、处理、分析等，绘制出扭矩—扭转角曲线。计算机按要求采集处理分析后计算出相关结果，并可进一步打印出相应结果、曲线及完整的实验报告。

2. 主要规格及参数

表 2-2　主要规格参数

型　号	WNJ-1000	WNJ-3000
扭矩测量范围/N·m	10~1000	30~3000
扭矩测量相对误差/%	±0.5%	
扭转角测量范围/°·min^{-1}	±100000	
扭转角测量相对误差/%	±0.5%	
扭转方向	正向、反向	
扭转速度/°·min^{-1}	0.01~1500	
夹持试样尺寸/mm	$\phi3$~$\phi32$	$\phi5$~$\phi70$
两夹头之间最大距离/mm	~600、~770	~1600
电源功率/kW	0.75	1.5

3. 主要操作步骤

在测量试样尺寸后,依次按照如下操作步骤进行扭转实验。

(1) 依次打开试验机电源、CTS-500 控制器、计算机电源。

(2) 激活计算机桌面上的"扭转实验"快捷标识,(系统自检,稍等片刻)点击界面显示的"扭转实验方法"、"加载"按钮;系统自检后进入实验主页面。

(3) 点击主页面右侧"手形启动"按钮,联通测试和伺服系统(可听到微弱声音),CTS—500 控制器上显示"计算机控制中"、"串口通信波特率 11 5200"。

(4) 在主页面上的"存储路径"中选择存储路径,并在"存储文件名"中输入自己的实验文件名后,按"回车 Enter"键确认。

(5) 在"试样参数"栏选择"试样形状",输入试样尺寸,并确认。

(6) 用十字内六方专用扳手将试样一端的夹持段合适地轻轻夹持于某一扭转夹具上,点击主页面上的"扭矩"(清零)按钮;然后,推动滚动支座 9 使另一扭转夹头到合适位置，将试样另一夹持段夹持于夹具上，再分别将试样两端紧紧加持；点击主页面上"夹头内扭角""清零"按钮。

（7）点击主页面上的"开始测试"按钮。试验机系统按照程序进行扭转实验；试样破坏后，试验机自动停机，并保存实验数据及特性曲线。

（8）从主页面下方读取相关实验数据，绘制主页面的实验特性曲线。

（9）松开两扭转夹具，取出破坏的试样，观察并记录其断口形貌特征。

4. 注意事项

（1）本试验机系统为大型精贵仪器设备，未经指导教师同意，不得随意更改计算机设置、试验机测试系统参数设置等。

（2）做实验前，应确认操作程序、步骤正常合理。

（3）务必将试样紧夹于试验机夹头上，以免滑动影响实验正常进行。

（4）如有异常情况，应立即停止实验并及时报告指导教师。

2.4 碳钢与铸铁的拉伸、压缩实验

1. 实验目的

（1）测定碳钢在拉伸时的屈服极限 σ_s，强度极限 σ_b，延伸率 η 和断面收缩率 ψ，测定铸铁拉伸时的强度极限 σ_b。

（2）观察碳钢、铸铁在拉伸过程中的变形规律及破坏现象，并进行比较，使用绘图装置绘制拉伸图（P-ΔL 曲线）。

（3）测定压缩时低碳钢的屈服极限 σ_s 和铸铁的强度极限 σ_b。

（4）观察低碳钢和铸铁压缩时的变形和破坏现象，并进行比较。

（5）掌握电子万能试验机的原理及操作方法。

（6）了解液压万能试验机的工作原理及操作方法。

2. 实验设备

微机控制电子万能材料试验机、液压式万能材料试验机、游标卡尺。

3. 实验试样

（1）为使各种材料机械性质的数值能互相比较，避免试件的尺寸和形状对实验结果的影响，GB 6397—86 对试件的尺寸形状作了统一规定，如图 2-4 所示：用于测量拉伸变形的试件中段长度（标距 L_0）与试件直径 d_0 必须满足 $L_0/d_0=10$ 或 5，其延伸率分别记做和 η_{10} 和 η_5。

（2）压缩试样：低碳钢和铸铁等金属材料的压缩试件一般做成很短的圆柱形，避免压弯，一般规定试件高度 h 直径 d 的比值在下列范围之内：

$$1 \leqslant \frac{h}{d} \leqslant 3$$

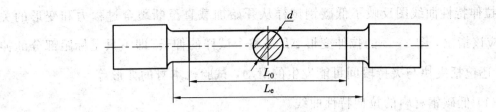

图 2-4 拉伸试样

为了保证试件承受轴向压力,加工时应使试件两个端面尽可能平行,并与试件轴线垂直,为了减少两端面与试验机承垫之间的摩擦力,试件两端面应进行磨削加工,使其光滑。

4. 实验原理

材料的拉伸力学性能指标 σ_s,σ_b,η 及 ψ 等由拉伸破坏实验测定得到。该实验在拉力试验机或万能材料试验机上进行。

低碳钢材料的拉伸实验:

低碳钢是工程上广泛使用的塑性金属材料,其力学性能具有一定的典型性。实验时,利用试验机的自动绘图器可绘出低碳钢的拉伸特性图,如图 2-5 所示。

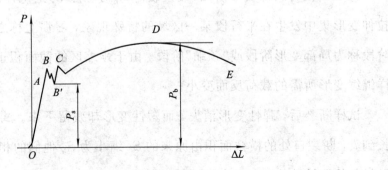

图 2-5 碳钢拉伸特性曲线

拉伸特性曲线图反映了低碳钢试样从开始加载直至断裂全过程力和变形的关系。应该指出，图 2-5 的拉伸变形 ΔL 是整个试样的伸长（即不只是标距部分的伸长），还包括夹块与夹持段间可能发生的滑动，试验机本身的变形等。

（1）低碳钢材料的拉伸特性曲线。

根据低碳钢材料的拉伸特性曲线的特性，其大致可分为以下几个阶段：

① OA 段为弹性阶段，载荷与变形成正比。

② BC 段为屈服阶段（图中的锯齿形曲线），呈现出载荷在不增加或波动时式样仍能继续伸长的特点。与 B 点对应的应力为上屈服点，与 B' 点对应的应力为下屈服点，由于上屈服点受变形速度及式样形式等因素的影响比较敏感，而下屈服点比较稳定，故工程上均以下屈服点作为材料的屈服极限 σ_s。其公式为 $\sigma_s = \dfrac{F_s}{S_0}$。

③ CD 段为强化阶段（由屈服终点 C 到最大载荷 F_b 对应点 D），在载荷达到 D 点以前，式样标距范围内是均匀变形，与最大载荷 F_b 对应的应力称之为抗拉强度 σ_b 按照公式确定 $\sigma_b = \dfrac{F_b}{S_0}$。

④ DE 段为局部变形阶段（最大载荷 F_b 对应点 D 至试样破坏对应点 E），试样拉伸变形集中发生在平行段某一区域的特殊现象，习惯上称之为"颈缩"阶段，这一阶段称为局部变形阶段或"颈缩"阶段。由于颈缩区的截面积迅速见效，因此，使试样继续变形所需的载荷反而变小。

试样断裂后，弹性变形消失，而塑性变形却残留下来。试样的标距长度由 l_0 伸长到 l_u，断裂口处的横截面积由原来的 S_0 缩小为 S_u 他们的相对残余变形常用来衡量材料的塑性性能。工程中常用的塑性指标是断裂后延伸率 η 与断面收缩率 ψ。而且，依据试样拉伸断裂后塑性变形的大小来区分塑性或脆性材料，根据标准把 $\eta \geqslant 5\%$ 的材料成为塑性材料，把 $\eta < 5\%$ 的材料称为脆性材料。

（2）断面收缩率 ψ 的确定方法。

断面收缩率 ψ 按公式 $\psi = \dfrac{S_0 - S_u}{S_0} \times 100\%$ 计算，其中 S_u 为缩颈处的最小横截面面积。由于断口截面不是规则的圆棒形，所以应将拉断后为两段的试样紧密地对拼在一起，在颈缩区两个互相垂直方向上量取最小横截面的直径，以其平均值计算 S_u。

（3）断后拉伸率 η 的确定方法。

断后拉伸率 η 按公式 $\eta = \dfrac{l_u - l_0}{l_0} \times 100\%$ 计算，其中 l_u 为试样拉断后将两段试样紧密地对拼于一起时原标距 l_0 两端点间的距离。由于低碳钢材料试样拉伸至断裂有颈缩现象发生，愈靠近紧缩断口其塑性变形愈如图 2-6 所示，所以，分布在颈缩区的变形对式样的绝对伸长量 $\Delta l = l_u - l_0$ 的贡献就大。

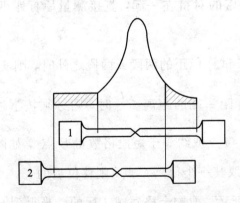

图 2-6　断口部位对 A 的影响示意图

因此，确定 l_u 应充分考虑颈缩断口位置的影响。l_u 的确定方法如下：

将原式样标距段 l_0 分成 10 等分，并刻画 0~10 标记线，如图 2-7 所示。

① 当颈缩断口位于式样标距 l_0 的中部或较近标距端点的距离大于 $\dfrac{l_0}{3}$ 时，只要

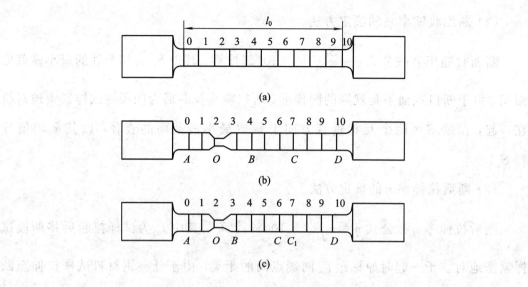

图 2-7 移中法确定 l_u

将拉断后的两段式样紧密的对拼在一起，直接测量原标距两端点间（即两标距点）的距离既是 l_u。

②　当颈缩断口位于试样标距的两段或两段之外时，则实验无效，应该重新做。

③　当颈缩断口到标距一端的距离 $\leqslant \dfrac{l_u}{3}$ 时，则必须按下述移中法确定 l_u。在拉断后的长度上从断口处 O 点取约等于短段格数得 B 点，如图 2-7(b) 所示，此后，如果剩余格数为偶数，取其一半得到 C 点，则移位后的 $l_u = AB + 2BC$；如果剩余格数为奇数如图 2-7(c) 所示，取剩余格数减 1 后的一半得到 C 点和剩余格数加 1 后的一半得到 C_1 点，则移位后的 $l_u = AB + BC + BC_1$。

（4）灰铸铁材料的拉伸实验。

灰铸铁是典型的脆性材料，其拉伸曲线如图 2-8 所示。灰铸铁在拉伸过程中既没有屈服现象也没有颈缩现象，在较小的变形下突然断裂。所以灰铸铁拉伸时只需测定它的最大拉力 P_b，并按公式 $\sigma_b = \dfrac{P_b}{S_0}$ 确定其对应的抗拉强度 σ_b。

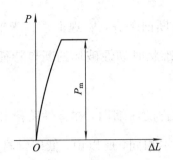

图 2-8　灰铸铁材料拉伸特性曲线

（5）低碳钢和灰铸铁材料圆棒试样拉伸破坏断口特征。

观察比较低碳钢和灰铸铁材料圆棒式样拉伸的断口，如图 2-9 所示，可以发现以下几个特点：

① 低碳钢式样拉伸断裂后，在两个断面上各呈凹凸状，称为"杯状"断口。断口上明显分两个区域，断口中间部分粗糙，并且和轴线几乎垂直，这主要是颈缩引起的应力集中，式样断口中心部位处于复杂应力状态，造成拉伸断裂；而断裂口周边

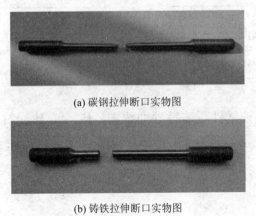

(a) 碳钢拉伸断口实物图

(b) 铸铁拉伸断口实物图

图 2-9　拉伸试样断口实物图

缘部分呈明显的塑性破坏产生的光亮纤维状倾斜面约 45°角，沿最大切应力的截面上剪切断裂，这是低碳钢材料拉伸型断口。

② 灰铸铁式样拉断后，断面平齐，宏观上垂直于轴线，断面上呈粒状。晶粒状时脆性破坏的断口特征，纤维状时韧性破坏的断口特征。

压缩实验：

图 2-10(a)为低碳钢试件的压缩图，在弹性阶段和屈服阶段，拉伸时的形状基本上是一致的，而且 P_s 也基本相同，所以说，低碳钢材料在压缩时的 E 和 σ_s 都与拉伸时大致相同，低碳钢的塑性好，由于泊松效应，试件越压越粗，不会破坏，横向膨胀在试件两端受到试件与承垫之间巨大摩擦力的约束，试件被压成鼓形，进一步压缩，会压成圆饼状，低碳钢试件压不坏，所以没有强度极限。

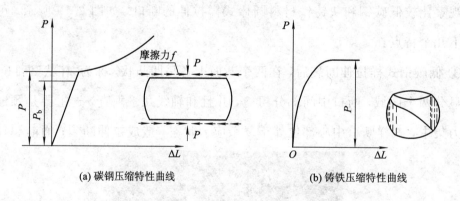

(a) 碳钢压缩特性曲线　　　　　(b) 铸铁压缩特性曲线

图 2-10　试件压缩特性曲线

图 2-10(b)为铸铁试件压缩特性曲线图，$P-\Delta L$ 比同材料的拉伸图要高 4～5倍，当达到最大载荷 P_b 时铸铁试件会突然破裂，断裂面法线与试件轴线大致成 45°～55°角。这表明，铸铁压缩破坏主要是由剪应力引起的。

5. 实验步骤

拉伸实验步骤：

（1）试件准备。

测量试样尺寸：测定试样初始横截面面积 S_0 时，在标距 L_0 的两端及中部三个位置上，沿两个互相垂直的方向，测量试样直径，以其平均值计算各横截面面积，取三个横截面面积中的最小值为 S_0。

（2）试验机准备。

使用电子万能试验机时，需作以下的准备工作：

① 检查试验机的夹具是否安装好，各种限位是否在实验状态下就位。

② 启动试验机的动力电源及计算机的电源。

③ 调出试验机的操作软件，按提示逐步进行操作。

④ 安装试件。安装时仅将试件上端夹紧，下端悬空，然后再试件上夹持引伸计。

⑤ 启动下降按钮将试件移下，停止安装好试件，进行调零，回到实验初始状态。

⑥ 根据实验设定，启动实验开关进行加载，注意观察实验中的试件及计算机上的曲线变化。

⑦ 实验完成，保存记录数据，打印实验数据报告。

⑧ 试件破坏后(非破坏性实验应先卸载)，断开控制器并关闭，关闭动力系统及计算机系统，清理还原。

使用液压万能试验机时：

（1）调整试验机：按 2.2 的要求调整检查万能材料试验机，根据 $P_b = \sigma_b \times A$。估计试件的最大载 P_b，按最大载荷数值为度盘测力范围的 $40\% \sim 80\%$ 的标准来选择度盘和与其相匹配的摆锤，并调整示力指针为零。

（2）安装试样：先将试件安装在试验机上夹头内，再移动下夹头使之达到适当位置，须注意使试样垂直，并把试样下端夹紧。

（3）检查及预拉：请教师检查以上实验步骤完成情况。开动试验机，并使自动绘图器工作。预加少量载荷(勿使应力超过比例极限)，然后卸载接近零点，以检查试验机是否处于正常状态。

（4）进行实验：

① 打开送油阀，用慢速加载，缓慢而均匀地使试件产生变形，注意观察测力指针的转动、自动绘图的情况和相应的实验现象，以测力指针停止转动的载荷或指针多次回转时，第一次回转后的最小载荷作为屈服点载荷 P_s，并注意观察是否出现滑移线。

② 屈服后在强化阶段任一点处，停止加载，然后卸载，再重新加载，以观察冷作硬化现象。

③ 继续加载直至试件断裂。在断裂前注意观察颈缩现象。此时拉力达到最大载荷，测力指针开始回转，而副针停留位置的读数，即最大载荷 P_b，试件断裂后停机，取下试件。铸铁实验只要记下最大载荷及绘出拉伸图。

④ 取下自动绘图仪所绘的拉伸曲线图纸，以便写实验报告时参考。

（5）实验结束：打开回油阀，卸掉载荷，清理实验现场。

压缩实验步骤：

（1）测量试样尺寸，测量试样两端及中间等三处截面的直径，取三处中最小一处的平均直径 d_0 作为计算原截面积 S_0 之用。

（2）调整试验机，选择测力度盘，调整指针对准零点，并调整自动绘图器。电子万能试验机按软件操作指南步骤进行。

（3）安装试样，将试样两端面涂上润滑油，然后准确地放在试验机活动台支承垫的中心上。

（4）检查及试车。

液压试验机试车时将试验机活动台上升，试件亦随之上升，当试件上端面接近承垫时应减慢活动台上升速度，避免突然接触引起剧烈加载，当试件与上承垫刚接触时，将自动绘图笔调整好，使它处于工作状态，用慢速预加少量载荷，然后卸载近零点，以检查试验机工作是否正常。

（5）进行实验。

对于低碳钢试件，缓慢而均匀地加载，注意观察测力指针的转动情况和绘图纸上所描的曲线，以便及时而正确地读出屈服载荷 P_s，并把它记录下来，算出屈服极限 σ_s。

对于铸铁试件，缓慢而均匀地加载，同时使用自动绘图装置绘出 $P - \Delta L$ 曲线，直到试件破裂为止，记下破坏载荷 P_b，并算出强度极限 σ_b。

（6）结束工作。

打开回油阀，将载荷卸掉，取下试件，使试验机复原。

6．注意事项

（1）实验时，必须严格遵守试验机的操作规程，液压试验机工作台升降电机只能用于升降工作台，不能用于加荷。

（2）电子万能试验机的实验程序设定后，不能随意改动。在实验过程中操作软件一定要按部就班，以免产生误操作，损坏试验机。

（3）压缩试件要尽量放在压板中心，以免载荷偏心。

（4）如果在实验过程中，由于某种特殊或意外的原因，液压试验机油泵突然停止工作，此时应将负荷卸掉使油压降低。检查后，重新开动油泵进行实验，不应在高压下起动，以免发生意外损坏。

7. 实验报告

实验结果应以表格或图线的形式表达,并附以必要的文字说明,包括下列内容:

(1)料力学性能指标:σ_s、σ_b、η、ψ 的计算。

(2)将 $P-\Delta L$ 实验曲线转换成 $\sigma-\varepsilon$ 曲线,将上述机械性能指标标注在曲线上,要有数值和单位。

(3)画出试件断口形状图。

(4)比较两种材料的机械性能特点,并分析其破坏原因。

8. 预习与思考题

预习本节及 2.1、2.2 节,并回答以下思考题。

(1)参考试验机自动绘出的拉伸图,分析从试件加力至断裂的过程可分为哪几个阶段?相应于每一阶段的拉伸曲线的特点和物理意义是什么?

(2)σ_s 和 σ_b 是不是试件在屈服和断裂时的真实应力?为什么?

(3)由拉伸实验测定的材料机械性质在工程上有何实用价值?

(4)实验时如何观察碳钢的屈服极限?

(5)拉伸和压缩时,低碳钢的屈服点是否相同,铸铁的强度极限是否相同?

(6)压缩试件为什么要做成短而粗的圆柱形,长了会有什么影响?

(7)铸铁试件压缩破坏时断裂面法线与试件轴线夹角约成多少?为什么?

(8)测定材料的力学性能为什么要用标准试样?

(9)材料拉伸时有哪些力学性能指标?

(10)试述低碳钢、铸铁拉伸、压缩,主要是由哪些应力引起破坏的,为什么?

2.5　扭转实验

1. 实验目的

（1）测定灰铸铁材料的扭转强度极限 τ_b。

（2）测定低碳钢材料的扭转屈服极限 τ_a 和扭转条件强度极限 τ_b。

（3）观察比较灰铸铁和低碳钢两种材料在扭转变形过程中的现象及其破坏形式特征，并对试样断口进行分析。

2. 实验设备

（1）微机控制电子扭转试验机。

（2）游标卡尺。

3. 实验试样

根据国家标准 GB 10128—2007"金属室温扭转实验方法"规定，扭转试样可采用圆棒形试样，也可采用薄壁管形截面试样。推荐圆棒形截面试样，采用直径 $d=10\ mm$，标距 $l_0=50\ mm$ 或 $100\ mm$，平行段长度 $l_c=l_0+2d$。本实验采用圆棒形试样，其形状及尺寸如图 2-11 所示。

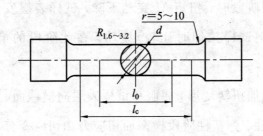

图 2-11　圆棒形扭转试样示意图

4. 实验原理

（1）低碳钢材料扭转。

将试样两端夹持段合适地夹持在扭转试验机两夹头上。在实验过程中，一个夹头固定不转，另一个夹头绕轴线转动，从而对试样施加扭转变形，试样承受扭矩 M_n。从试验机测试系统上可读得扭矩 M_n 及扭转角 φ，试验机系统自动绘出 $M_n-\varphi$ 曲线。图 2-12 所示为低碳钢材料的扭转特性曲线。

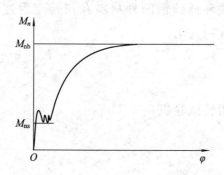

图 2-12 扭转特性曲线

从特性曲线上可以明显看出以下几点：

① 碳钢试样在承受扭转变形的第一阶段，扭矩 M_n 与扭转角 φ（或试样标距范围内的扭转变形）成正比关系。

② 材料进入屈服阶段时，扭矩 M_n 突然下降，试样表层发生屈服，此后扭矩以不大的幅度（与低碳钢试样拉伸时比较）波动，在此阶段的最小扭矩即为屈服扭矩 M_{ns}。

③ 对试样继续施加扭转变形，屈服从试样表层向横截面心部扩展（见图 2-13，图(a)、(b)分别为弹性、弹塑性阶段横截面切应力和切应变分布），随后（或同时），材料进入强化阶段；变形继续增加，弹性变形区的切应力仍然保持线性增大，而塑性变形区的切应力以某种非线性关系随之缓慢增加；强化阶段试样整体变形显著，

在试样表面沿母线刻划的纵向线将变成螺旋线，直到试样无声无息破坏为止，试样并无颈缩现象，扭转特性曲线一直上升而无下降（见图 2-12），试样破坏时的扭矩即为最大扭矩 M_{nb}。

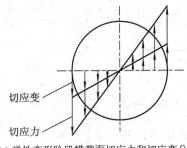
(a) 弹性变形阶段横截面切应力和切应变分布

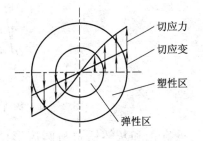
(b) 弹塑性变形阶段横截面切应力和切应变分布

图 2-13　低碳钢圆轴试样扭转时的应力应变分布

根据国家标准 GB 10128—2007 规定，扭转屈服极限 τ_a 及扭转条件强度极限 τ_b 分别按式（2-1）计算

$$\tau_a = \frac{M_{ns}}{W_P}, \quad \tau_b = \frac{M_{nb}}{W_P} \qquad (2-1)$$

式中：$W_P = \dfrac{\pi}{16} d^3$ 为试样抗扭截面模量。

（2）灰铸铁材料扭转。

灰铸铁圆棒形试样承受扭转变形时，在很小的变形下就发生破坏。图 2-14 为灰铸铁材料的扭转特性曲线。从扭转开始直到破坏为止，扭矩 M_n 与扭转角 φ 近似成正比关系，且变形很小。试样破坏时的扭矩即为最大扭矩 M_{nb}，扭转强度极限 τ_b 按式（2-2）计算

$$\tau_b = \frac{M_{nb}}{W_P} \qquad (2-2)$$

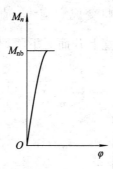

图 2-14　灰铸铁材料的扭转特性曲线

（3）低碳钢和灰铸铁材料圆棒形试样扭转破坏断口特征。

圆棒形截面试样承受扭转变形，材料处于纯剪切应力状态，如图 2-15 所示。在试样表层取一单元体 A，A 上切应力为 $\tau_{\max}$，在与轴线 z 方向成 $\pm45°$ 角的斜截面上的正应力各为

$$\sigma_{45°} = \sigma_{\max} = \tau_{\max}$$

$$\sigma_{-45°} = \sigma_{45°} = -\tau_{\max}$$

即该两斜面上的正应力分别为最大值和最小值。其中一个是最大拉应力，另一个是最大压应力，它们的绝对值都等于最大切应力 $\tau_{\max}$。

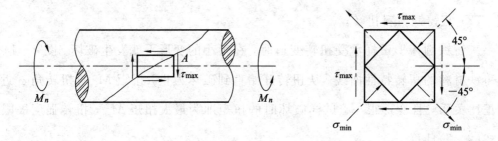

图 2-15　扭转圆棒试样表面的应力状态

5．实验步骤

试验机原理及操作步骤，详细参阅实验教材 2.3 节中微机控制电子扭转材料试验机的相关内容。

（1）试样准备。

① 测量试样尺寸：在试样中部平行段两端及中间三个横截面的两相互垂直方向各测量一次直径，取三个平均值中最小者为 d，以计算抗扭截面模量 W_P。

② 画标记线：在试样表面沿母线用粉笔画直线，以定性观察变形现象。

（2）试验机准备。

试验机使用操作步骤等详细内容见教材 2.3 节中微机控制电子扭转材料试验机的相关内容或放置于试验机工作台面上的"试验机使用操作程序"提示牌。

（3）装卡试样。

通过推动滚动支座使两扭转夹头间的距离到合适位置，先将试样两端的夹持段轻轻地夹持于扭转夹具上，再用十字内六方专用扳手将一夹持端紧紧夹持于夹具上，点击主页面上的"扭矩"及"清零"按钮；然后，再将试样另一夹持端紧紧夹持，点击主页面上的"夹头内扭角"及"清零"按钮。

（4）进行实验。

点击实验主页面上的"开始测试"按钮，试验机系统按照选定的实验方法及设定的程序进行扭转实验。注意仔细观察屏幕显示的扭矩—扭转角特性曲线。

试样扭转破坏后，从屏幕下方读出相关实验数据，绘制扭矩—扭转角实验特性曲线；然后分别打开两扭转夹头，从试验机上取下试样；仔细观察记录试样断口形貌特征，以便作为在实验报告中进一步分析讨论的依据。

（5）结束实验。

做完实验后，依次退出实验程序、关闭计算机及显示器和试验机的电源，将量具、T具、破坏试样等合适放置。

6. 注意事项

（1）本试验机系统为大型精贵仪器设备，未经指导教师同意，不得随意更改计算机设置、试验机测试系统参数设置等。

（2）做实验前，应确认操作程序、步骤正常合理。

（3）务必注意将试样紧夹于试验机夹头上，以免滑动影响实验正常进行。

（4）如有异常情况，应立刻停止实验，并及时报告指导教师。

7. 实验数据处理和实验报告要求

（1）实验数据以表格形式给出（格式自拟）。

（2）计算低碳钢、灰铸铁材料的扭转强度指标。

（3）绘制低碳钢、灰铸铁试样的扭转图及断口示意图，并分析破坏原因。

（4）至少选一个思考讨论题进行分析讨论。

8. 预习与思考题

（1）试根据灰铸铁试样扭转断口，判断扭矩 M_n 的方向。

（2）根据低碳钢、灰铸铁材料的拉伸、压缩和扭转三种实验结果，试综合分析比较不同材料的承载能力及破坏特点，试考虑在设计零件或结构时选择材料应注意些什么问题。

2.6 疲劳实验演示

1. 实验目的

(1) 测定材料在纯弯曲对称循环下的疲劳极限。

(2) 掌握疲劳试验机的原理及操作方法。

2. 实验设备

纯弯曲疲劳试验机；弯曲疲劳试样。

3. 实验试样

纯弯曲旋转疲劳试样通常采用光滑圆形标准试样，试样的实验部分直径为 6～10 mm，其他外形尺寸因疲劳试验机的夹具而定。同一批试样所用材料应为同一牌号和同一炉号，并要求质地均匀没有缺陷。疲劳强度与试样取料部位、锻压或轧制方向等有关，并受表面加工、热处理等工艺条件的影响较大。因此，试样应避免在型材的端部取样，对锻件要取在同一锻压方向或纤维延伸方向。同批试样热处理工艺应相同。切削时应避免表面过热，试样的实验部位要磨光，过渡部位应有足够圆角半径($r \geqslant 3d$)，避免任何切削刀痕，以免影响实验结果。

4. 实验原理

长期在交变应力作用下的构件，虽应力水平低于屈服强度，也会突然断裂。即使是塑性较好的材料，断裂前却没有明显的塑性变形，这种现象称为疲劳失效。疲劳破坏的断口一般呈现两个区域，一个是光滑区，另一个是粗糙区。

试样在交变应力下，应力每重复变化一次，称为一个应力循环，重复变化的次数称为循环次数。在交变应力循环中，最小应力和最大应力的比值

$$r = \frac{\sigma_{\min}}{\sigma_{\max}}$$

称为循环特征或应力比。在既定的 r 下,若试样的最大应力为 $\sigma_{\max}^1$,且经历 N_1 次循环后,发生疲劳失效,则 N_1 称为最大应力为 $\sigma_{\max}^1$ 时的疲劳寿命。实验表明,在同一循环特征下,最大应力越大,则疲劳寿命越短;随着最大应力的降低,疲劳寿命迅速增加。表示最大应力 $\sigma_{\max}$ 与疲劳寿命 N 关系的曲线称为应力—疲劳寿命曲线或 $S-N$ 曲线。碳钢的 $S-N$ 曲线如图 2-16 所示,从图线看出,当应力降到某一极限值 σ_r 时,$S-N$ 曲线趋近于水平线。即应力不超过 σ_r,疲劳寿命 N 可无限增大。σ_r 称为疲劳极限,角标 r 表示循环特征。在弯曲交变应力作用下,其 $\sigma_{\max}$ 和 $\sigma_{\min}$ 大小相等而符号相反,这种情况称为对称循环,$r=-1$,对应的疲劳极限为 σ_{-1}。

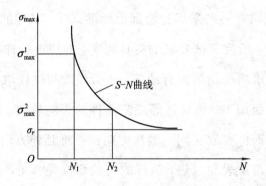

图 2-16 碳钢的 $S-N$ 曲线

黑色金属试样如经历 10^7 次循环仍未失效,再增加循环次数也不会失效。故可把 10^7 次循环下仍未失效的最大应力作为疲劳极限,而把 $N_0=10^7$ 称为循环基数。有色金属的 $S-N$ 曲线在 $N>5\times10^8$ 时往往仍未趋于水平,通常规定一个循环基数 $N_0=10^8$,把它对应的最大应力作为"条件"疲劳极限。

用承受纯弯曲的旋转试样来测定疲劳极限,技术上比较简单,最常使用。各类纯弯曲旋转疲劳试验机结构大同小异,图 2-17 为这类试验机的原理示意图。试样

1的两端装入左、右两个心轴2后，旋紧左、右两根螺杆3，使试样与两个心轴组成一个承受弯曲的"整体梁"，它支承于两端的滚珠轴承4上。载荷F通过加力架作用于"梁"上，其受力简图及弯矩图如图2-18所示。

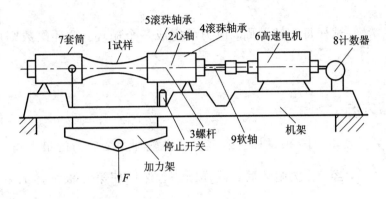

图 2-17　纯弯曲疲劳试验机原理图

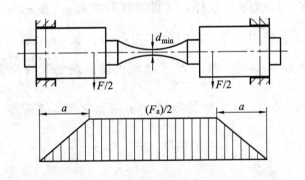

图 2-18　试样受力弯矩图

梁的中段（试样）为纯弯曲，且弯矩为 $M = \dfrac{1}{2}Fa$。"梁"由高速电机6通过软轴9带动，在套筒7中高速旋转，于是试样横截面上任一点的弯曲正应力，皆为对称循环交变应力。若试样的最小直径为 $d_{\min}$，最小截面边缘上一点的最大和最小应力为：

$$\sigma_{\max} = \frac{Md_{\max}}{2l}$$

$$\sigma_{\min} = -\frac{Md_{\min}}{2l}$$

式中，$l = \frac{\pi}{64}d_{\min}^4$。试样每旋转一周，应力就完成一个循环。循环次数则可从计数器8中读出。

5. 实验方法

本实验共需要 8～10 根试样。第一根试样施加交变应力的最大值 σ_1 约为抗拉强度 R_m 的 60%，经 N_1 次循环后，试样断裂。然后使第二根试样的 $\sigma_2 = (0.40 \sim 0.45)R_m$，按同样的方法进行实验，若其疲劳寿命 $N < 10^7$，则应降低应力再做。直至在 σ_2 作用下，$N > 10^7$ 为止。这样，材料的疲劳极限 σ_{-1} 在 σ_1 与 σ_2 之间。在 σ_1 与 σ_2 之间插入 4～5 个等差应力水平，它们分别为 σ_3、σ_4、σ_5、σ_6，逐级递减进行实验，相应的疲劳寿命分别为 N_3、N_4、N_5、N_6。这就可能出现如下两种情况：

(1) 与 σ_6 相应的 $N_6 < 10^7$，疲劳极限在 σ_2 与 σ_6 之间。这时取 $\sigma_7 = \frac{1}{2}(\sigma_2 + \sigma_6)$ 再试；若 $N_7 < 10^7$，且 $\sigma_7 - \sigma_6$ 小于控制精度 $\Delta\sigma^*$，即 $\sigma_7 - \sigma_2 \leqslant \Delta\sigma^*$，则疲劳极限为 σ_7 与 σ_2 的平均值，即 $\sigma_{-1} = \frac{1}{2}(\sigma_2 + \sigma_7)$；若 $N_7 > 10^7$，且 $\sigma_6 - \sigma_7 \leqslant \Delta\sigma^*$，则 σ_{-1} 为 σ_7 与 σ_6 的平均值，即 $\sigma_{-1} = \frac{1}{2}(\sigma_6 + \sigma_7)$。

(2) 与 σ_6 相应的 $N_6 > 10^7$，这时 σ_6 和 σ_5 取代上述情况的 σ_2 和 σ_6，用相同的方法确定疲劳极限。

关于控制精度 $\Delta\sigma^*$，一般规定如下：疲劳极限在 100～200 MPa 时，$\Delta\sigma^*$ 取为 5 MPa；疲劳极限在 200～400 MPa 时，$\Delta\sigma^*$ 取为 10 MPa；疲劳极限大于 400 MPa

时，$\Delta\sigma^*$ 取为 15 MPa。

在实验中各个试样所受的最大应力不同，其疲劳寿命相应的也不相同，以 σ_{max} 为纵坐标，$\lg N$ 为横坐标，用所得实验数据，绘出最大应力 σ_{max} 与疲劳寿命 N 的关系曲线，即 $\sigma_{max} - N$ 曲线。在工程上，将此种曲线称为 $S - N$ 曲线，$S - N$ 曲线可用来表示材料的疲劳实验结果，从而确定材料的疲劳极限 σ_{-1}。

6. 预习要求

复习材料力学教材有关疲劳极限的内容；预习本节内容。

第3章 电测法理论基础

3.1 概 述

电阻应变测量方法是实验应力分析方法中应用最为广泛的一种方法。该方法是用应变敏感元件——电阻应变片(也称电阻应变计)测量构件的表面应变,再根据应变—应力关系得到构件表面的应力状态,从而对构件进行应力分析。

电阻应变片(简称应变片)测量应变的大致过程如下:将应变片黏贴或安装在被测构件表面,然后接入测量电路(电桥或电位计式电路),随着构件受力变形,应变片的敏感栅也随之变形,致使其电阻值发生变化,此电阻值的变化与构件表面应变成比例。应变片电阻变化产生的信号,经测量放大电路放大后输出,由指示仪表或记录仪器指示或记录。这是一种将机械应变量转换成电量的方法,其转换过程如图3-1所示。测量电路输出的信号也可经放大、模数(A/D)转换后,直接传输给计算机进行数据处理。

图3-1 使用电阻应变片测量应变

电阻应变测量方法又称应变电测法,之所以得到广泛应用,是因为它具有以下优点：

（1）测量灵敏度和精度高。其分辨率达 1 微应变（$\mu\varepsilon$），1 微应变＝10^{-6}。

（2）应变测量范围广。可从 1 微应变测量到 20 000 微应变。

（3）电阻应变片尺寸小，最小的应变片栅长为 0.2 mm；质量小、安装方便，对构件无附加力，不会影响构件的应力状态，并可用于应变变化梯度较大的测量场合。

（4）频率响应好。可从静态应变测量到数十万赫兹的动态应变。

（5）由于在测量过程中输出的是电信号，易于实现数字化、自动化及无线遥测。

（6）可在高温、低温、高速旋转及强磁场等环境下进行测量。

（7）可制成各种高精度传感器，测量力、位移、加速度等物理量。图 3-2 即为使用电阻应变片制作的测力传感器实例。

图 3-2　测力传感器

电阻应变测量方法的缺点如下：

（1）只能测量构件表面的应变，而不能测量内部的应变。

（2）一个应变片只能测定构件表面一个点沿某一个方向的应变，不能进行全域性的测量。

（3）只能测量电阻应变片栅长范围内的平均应变值，因此对应变梯度大的应变场无法进行测量。

3.2 电阻应变片的工作原理、构造和分类

3.2.1 电阻应变片的工作原理

由物理学可知,金属导线的电阻值 R 与其长度 L 成正比,与其截面积 A 成反比,若金属导线的电阻率为 ρ,则用公式表示为

$$R = \rho \frac{L}{A} \tag{3.1}$$

当金属导线沿其轴线方向受力而产生形变时,其电阻也随之发生变化,这一现象称为应变—电阻效应。为了说明产生这一效应的原因,可将式(3.1)的等式两边取对数并微分,得

$$\frac{\mathrm{d}R}{R} = \frac{\mathrm{d}\rho}{\rho} + \frac{\mathrm{d}L}{L} - \frac{\mathrm{d}A}{A} \tag{3.2}$$

式中: $\frac{\mathrm{d}L}{L}$ 为金属导线长度的相对变化,可用应变表示,即

$$\frac{\mathrm{d}L}{L} = \varepsilon \tag{3.3}$$

而 $\frac{\mathrm{d}A}{A}$ 为导线的截面积的相对变化。若导线的直径为 D,则

$$\frac{\mathrm{d}A}{A} = 2\frac{\mathrm{d}D}{D} = 2\left(-\mu\frac{\mathrm{d}L}{L}\right) = -2\mu\varepsilon \tag{3.4}$$

式中: μ 为导线材料的泊松比。

将式(3.3)和式(3.4)代入式(3.2),得

$$\frac{\mathrm{d}R}{R} = \frac{\mathrm{d}\rho}{\rho} + (1+2\mu)\varepsilon \tag{3.5}$$

式(3.5)表明,金属导线受力变形后,由于其几何尺寸和电阻率发生变化,从而使

其电阻发生变化。可以设想，若将一根金属丝粘贴在构件表面上，当构件产生变形时，金属丝也随之变形，利用金属丝的应变—电阻效应就可以将构件表面的应变量直接转换为电阻的相对变化量。电阻应变片就是利用这一原理制成的应变敏感元件。

若令

$$K_s = \frac{\mathrm{d}R}{R} \cdot \frac{1}{\varepsilon} = \frac{\mathrm{d}\rho}{\rho} \cdot \frac{1}{\varepsilon}(1+2\mu) \tag{3.6}$$

则式(3.5)写成

$$\frac{\mathrm{d}R}{R} = K_s\varepsilon \tag{3.7}$$

式中：K_s金属导线(或称金属丝)的灵敏系数，它表示金属导线对所承受的应变量的灵敏程度。

由式(3.6)看出，这一系数不仅与导线材料的泊松比有关，还与导线变形后电阻率的相对变化有关。金属导线电阻的相对变化与应变量之间呈线性关系，即K_s为常数。实验表明：大多数金属导线在弹性范围内电阻的相对变化与应变量之间是呈线性关系的；在金属导线的弹性范围内$(1+2\mu)$的值一般为1.4～1.8。

3.2.2 电阻应变片的构造

不同用途的电阻应变片，其构造不完全相同，但一般都由敏感栅、引线、基底、盖层和黏结剂组成，其构造简图如图3-3所示。

敏感栅是应变片中将应变量转换成电量的敏感部分，是用金属或半导体材料制成的单丝或栅状体。敏感栅的形状与尺寸直接影响应变片的性能。敏感栅的形状如图3-4所示，其纵向中心线称为纵向轴线，也是应变片的轴线。敏感栅的尺寸用长度L和栅宽B来表示。栅长指敏感栅在其纵轴方向的长度，对于带有圆弧端的敏感栅，该长度为两端圆弧内侧之间的距离，对于两端为直线的敏感栅，则为两直线内侧的距离。在与轴线垂直的方向上敏感栅外侧之间的距离为栅宽。栅长与栅宽代表应变片标称尺寸。一般应变片的栅长为 0.2～100 mm。

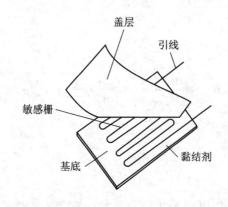

图 3-3　电阻应变片的构造

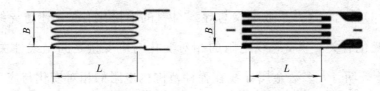

图 3-4　应变片敏感栅的形状与尺寸

引线用以从敏感栅引出信号，为镀银线状或镀银带状导线，一般直径为 0.15～0.3 mm。基底用于保持敏感栅、引线的几何形状和相对位置。基底尺寸通常代表应变片的外形尺寸。粘结剂用以将敏感栅固定在基底上，或者将应变片粘结在被测构件上，具有一定的电绝缘性能。盖层为用来保护敏感栅而覆盖在敏感栅上的绝缘层。

3.2.3 电阻应变片的分类

（1）按应变片敏感栅材料分类。

根据应变片敏感栅所用的材料不同可以分为金属电阻应变片和半导体应变片。半导体的应变片的敏感栅是由锗或硅等半导体材料制成的（见 3.5 节）。金属电阻应变片又分为金属丝式应变片、金属箔式应变片和金属薄膜应变片。

① 金属丝式应变片。

金属丝式应变片的敏感栅用直径为 0.01~0.05 mm 的镍合金或镍铬合金的金属丝制成，有丝绕式和短接式两种，分别如图 3 - 5(a)、(b)所示。前者是用一根金属丝绕制而成，敏感栅的端部呈圆弧形；后者则是用数根金属丝排列成纵栅，再用较粗的金属丝与纵栅两端交错焊接而成，敏感栅端部是平直的。

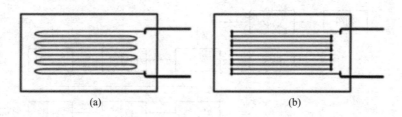

(a)　　　　　　　　　(b)

图 3 - 5　金属丝式应变片

丝绕式应变片敏感栅的端部呈圆弧形，当被测构件表面存在两个方向应变时（即平面应变状态）敏感栅不但受轴线方向的应变，同时还能感受到与轴线方向垂直的应变，这就是电阻应变片的横向效应。丝绕式应变片的横向效应较大，测量精度较低，且端部圆弧形部分形状不易保证，因此，丝绕式应变片性能分散。短接式应变片敏感栅的端部较平直且较粗，电阻值很小，故其横向效应很小，加之制造时敏感栅形状较易保证，故测量精度高。但由于敏感栅中焊接点较多，容易损坏，疲劳寿命较低。金属丝式应变片现已极少使用。

② 金属箔式应变片。

金属箔式（简称为箔式）应变片，如图 3-6 所示，图中(a)、(b)分别为结构原理简图和实物图，是用厚度为 0.002～0.005 mm 的金属箔（铜镍合金或镍铬合金）作为敏感栅的材料。该应变片的制作大致分为刻图、制版、光刻、腐蚀等工艺过程，如图 3-7 所示。箔式应变片制作工艺易于实现自动化大量生产，易于根据测量要求制成任意图形的敏感栅，制成小标距应变片和传感器用的特殊形状的应变片。

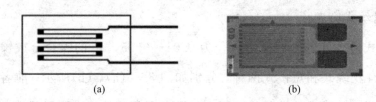

(a)   (b)

图 3-6　金属箔式应变片

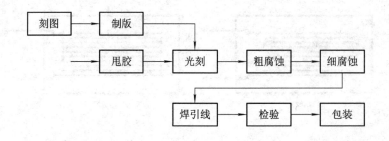

图 3-7　金属箔式应变片制作流程

箔式应变片敏感栅端部的横向部分可以做成比较宽的栅条，其横向的效应很小；栅箔的厚度很薄，能较好的反应构件表面的应变，也易于粘贴在弯曲的表面；箔式应变片的蠕变小，散热性能好，疲劳寿命长，测量精度高。由于箔式应变片具有以上诸多优点，故在测量领域中得到广泛的应用。

③ 金属薄膜应变片。

为了克服金属箔式应变片应变灵敏系数低及滞后的缺点，近年来，传感技术界的研究重点是寻找一种价格便宜、能够替代传统金属箔式应变片的新型传感元件。金属薄膜应变片就是典型的一类。此外，半导体应变片、氧化物应变片也比较适合制成薄膜应变片。

金属薄膜应变片的敏感栅是用真空蒸镀、沉积或溅射的方法将金属材料在绝缘基底上制成一定形状的薄膜而形成的，膜的厚度由几埃到几千埃不等，有连续膜和不连续膜之分，其性能有所差异。金属薄膜应变片蠕变小、滞后小、电阻温度系数低，易于制成高温应变片，便于大批量生产，可直接将应变片做在传感弹性元件上制成高性能、价廉的传感产品。有兴趣的读者可以参看相关的技术文献。

（2）按应变片敏感栅结构形状分。

金属电阻应变片按敏感栅结构形状可分为以下几种。

① 单轴应变片。单轴应变片一般是指具有一个敏感栅的应变片，如图 3-5、图 3-6 所示。这种应变片可用来测量单向应变。若把几个单轴敏感栅做在一个基底上，则称为平行轴多栅应变片，如图 3-8(a)所示，或同轴多栅应变片，如图 3-8(b)所示，这类应变片用来测量构件表面的应变梯度。

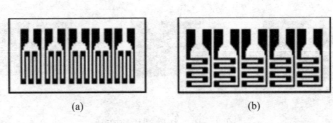

(a)　　　　　　　　　　　(b)

图 3-8　平行轴多栅应变片和同轴多栅应变片

② 应变花（多轴应变片）。由两个或两个以上的轴线相交成一定角度的敏感栅制成的应变片称为多轴应变片，也称为应变花，用于测量平面应变。图 3-9 所示是几种典型的应变花，(a)为二轴 90°应变花，(b)为三轴 45°应变花，(c)为三轴 60°应变花，(d)为三轴 120°应变花。也有应变片轴线不等夹角和敏感栅重叠在一起的应

变花。

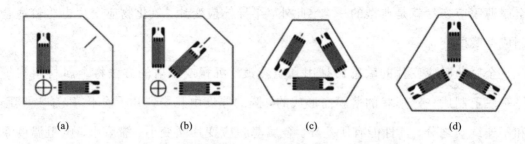

   (a)   (b)   (c)   (d)

图 3-9　多轴应变花

③ 特殊结构应变片。使用特殊结构的弹性体制作的传感器，往往需要特殊的应变片结构，以实现其特殊的物理量测试或提高传感器的测试性能，如图 3-10 所示。它们通常用于制作传感器，如压力传感器、载荷传感器（测力传感器）等。

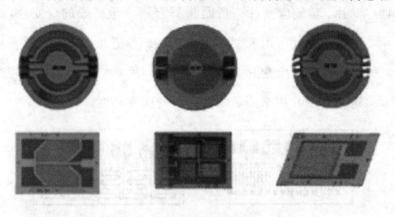

图 3-10　特殊结构应变片

3.3　电阻应变片的工作特性

用来表达应变片的性能及特点的数据或曲线，称为应变片的工作特性。应变片实际工作时，应变与其电阻变化输出相对应，按标定的灵敏系数折算得到的被测试样的应变值，称为应变片的指示应变。

应变片使用范围非常广泛，使用条件差异甚大，对应变片的性能要求各不相同。因此，在不同条件下使用的应变片，需检测的应变片工作特性（或性能指标）也不相同。下面仅介绍常温应变片的工作特性。

1. 应变片电阻(R)

应变片电阻指应变片在未经安装也不受力的情况下，室温时测定的电阻值。应根据测量对象和测量仪器的要求选择应变片的电阻值。在允许通过同样工作电流的情况下，选用较大电阻值的应变片，可提高应变片的工作电压，使输出信号加大，提高测量灵敏度。即使不提高应变片的工作电压，由于工作电流的减小，应变片上的实际功耗将减小，可以降低对供桥电路驱动电流的要求，同时对提高应变片的温度稳定性也有利。

用于测量构件应变的应变片阻值一般为 120 Ω，这与检测仪器（电阻应变仪）的设计有关；用于制作应变式传感器的应变片阻值一般为 350 Ω、500 Ω 和 1000 Ω。制造厂对应变片的电阻值逐个测量，按测量的应变片阻值分装成包，并注明每包应变片电阻的平均值以及单个应变片阻值与平均值的最大偏差。

2. 应变片灵敏系数(K)

应变片灵敏系数指在应变片轴线方向的单向应力作用下，应变片电阻的相对变化 $\Delta R/R$ 与安装应变片的试样表面上轴向应变 ε_x 的比值，即

$$K = \frac{\Delta R/R}{\varepsilon_x} \qquad (3.8)$$

应变片的灵敏系数主要取决于敏感栅灵敏系数，与敏感栅的结构形式和几何尺寸也有关。此外，试样表面的变形是通过基底和黏结剂传递给敏感栅的，所以应变片的灵敏系数还与基底和黏结剂的特性及厚度有关。因此，应变片的灵敏系数受到多种因素的影响，无法由理论计算得到。

应变片灵敏系数是由制造厂按应变片检定标准，抽样在专门的设备上进行标定的，并将标定得到的灵敏系数在包装上注明。金属电阻应变片的灵敏系数一般为1.80～2.50。

3. 机械滞后(Z_j)

在恒定温度下，对安装有应变片的试样加载和卸载，以试样的机械应变（试样受力产生的应变）为横坐标、应变片的指示应变为纵坐标绘成曲线，如图3-11所示。在增加或减少机械应变过程中，对于同一个机械应变量，应变片的指示应变有一个差值，此差值即为机械滞后，即 $Z_j = \Delta\varepsilon_i$。

机械滞后的产生主要是敏感栅、基底和黏结剂在承受机械应变之后留下的残余变形所致。制造或安装应变片时，若敏感栅受到不适当的变形，或黏结剂固化不充分，都会产生机械滞后。为了减小机械滞后，可在正式测量前预先加载和卸载若干次。

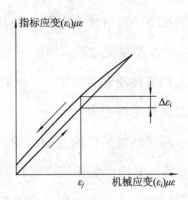

图3-11 应变片的机械滞后

4. 零点漂移(p)和蠕变(θ)

对于已安装在试样上的应变片，当温度恒定时，即使试样不受外力作用，不产生机械应变，应变片的指示应变仍会随着时间的增加而逐渐变化，这一变化量称为应变片的零点漂移，简称零漂。若温度恒定，试样产生恒定的机械应变，这时应变片的指示应变也会随着时间的变化而变化，该变化量称为应变片的蠕变。零漂和蠕变反映了应变片的性能随时间的变化规律，只有当应变片用于较长时间的测量时才起作用。实际上，零漂和蠕变是同时存在的，在蠕变值中包含着同一时间内的零漂值。

零漂主要由敏感栅通上工作电流后的温度效应、应变片制造和安装过程中的内应力以及黏结剂固化不充分等引起；蠕变则主要由黏结剂和基底在传递应变时出现滑移所致。

5. 应变极限($\varepsilon_{\lim}$)

在温度恒定时，对安装有应变片的试样逐渐加载，直至应变片的指示应变与试样产生的应变（机械应变）的相对误差达到10％时，该机械应变即为应变片的应变极限。在图3-12中实线2是应变片的指示应变随试样机械应变的变化曲线，虚线1为规定的误差限（10％），随着机械应变的增加，曲线2由直线渐弯，直至曲线2与虚线1相交，相交点的机械应变即为应变片的应变极限。

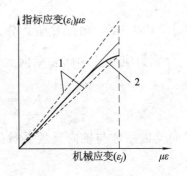

图3-12　应变极限

制造厂按应变片检定标准，在一批应变片中，按一定比例抽样测定应变片的应变极限，取其中最小的应变极限值作为该批应变片的应变极限。

6. 绝缘电阻(R_m)

应变片的绝缘电阻是指应变片的引线与被测试样之间的电阻值。过小的绝缘电阻会引起应变片的零点漂移,影响测得应变的读数的稳定性。提高绝缘电阻的办法主要是选用绝缘性能好的黏结剂和基底材料。

7. 横向效应系数(H)

前面指出,应变片的敏感栅除有纵栅外,还有圆弧形或直线形的横栅,横栅主要感受垂直于应变片轴线方向的横向应变,因而应变片的指示应变中包含有横向应变的影响,这就是应变片的横向效应。应变片横向效应的大小用横向效应系数 H 来衡量,H 值越小,表示应变片横向效应影响越小。

将应变片置于平面应变场中,沿应变片轴线方向的应变为 ε_x,垂直于轴线方向的横向应变为 ε_y,此时应变片敏感栅的电阻相对变化可表示为

$$\frac{\Delta R}{R} = \left(\frac{\Delta R}{R}\right)_x + \left(\frac{\Delta R}{R}\right)_y = K_x \varepsilon_x + K_y \varepsilon_y \tag{3.9}$$

式中:$(\Delta R/R)_x$ 和 $(\Delta R/R)_y$ 分别为由 ε_x 和 ε_y 引起的敏感栅电阻的相对变化;K_x 和 K_y 分别为应变片轴向和横向灵敏系数,它们可表示为

$$K_x = \frac{(\Delta R/R)_x}{\varepsilon_x}, \quad K_y = \frac{(\Delta R/R)}{\varepsilon_y} \tag{3.10}$$

横向灵敏系数与轴向灵敏系数的比值取百分数,定义为横向效应系数 H,即

$$H = \frac{K_y}{K_x} \times 100\% \tag{3.11}$$

应变片横向效应系数主要与敏感栅的形式和几何尺寸有关,还受到应变片基底和黏结剂质量的影响。应变片的横向效应系数应在专门的装置上进行标定。不同种类的应变片,其横向效应的影响也不同,丝绕式应变片的横向效应系数最大,箔

式应变片次之，短接式应变片的 H 值最小，常在 0.1% 以下，故可忽略不计。

近年来，由于箔式应变片设计的合理性以及箔材质量的提高、制造工艺的改进，使得应变片的横向效应系数已非常小，均优于 0.1%，因此箔式应变片的横向效应亦可忽略不计。

8. 热输出(ε_t)

应变片安装在可以自由膨胀的试样上，试样不受外力作用，当环境温度发生变化时，应变片的指示应变会随着环境温度的变化而变化。该指示应变变化的一部分是由于试样的热胀冷缩(称为试样的温度应变)所致。扣除试样的温度应变，剩余的指示应变变化量称为应变片的热输出(ε_t)。即这部分的应变片指示应变变化值不是由于试样本身的应变所致，而是由于环境温度变化所产生的。

敏感栅材料的电阻温度系数、敏感栅材料与试样材料之间线膨胀系数的差异，是应变片产生热输出的主要原因。

9. 疲劳寿命(N)

在幅值恒定的交变应力作用下，应变片连续工作，直至产生疲劳损坏时的循环次数，称为应变片的疲劳寿命。当应变片出现以下任何一种情况时，即认为是疲劳损坏：

(1) 敏感栅或引线发生断路。

(2) 应变片输出幅值变化 10%。

(3) 应变片输出波形上出现尖峰。

疲劳寿命是反映应变片对动态应变适应能力的参数。

3.4 电阻应变片的选择、安装和防护

在应变测量时，只有正确地选择和安装使用应变片，才能保证测量精度和可靠性，达到预期的测试目的。

3.4.1 电阻应变片的选择

应变片的选择，应根据测试环境、应变性质、应变梯度及测量精度等因素来决定。

（1）测试环境。测量时应根据构件的工作环境温度选择合适的应变片，使其在给定的温度范围内，应变片能正常工作。潮湿对应变片的性能影响极大，会出现绝缘电阻降低、黏结强度下降等现象，严重时将无法进行测量。为此，在潮湿环境中，应选用防潮性能好的胶膜应变片，如酚醛—缩醛、聚酯胶膜应变片等，并采取有效的防潮措施。

应变片在强磁场作用下，敏感栅会伸长或缩短，使应变片产生输出。因此，敏感栅材料应采用磁致伸缩效应小的镍铬合金或铂钨合金。

（2）应变性质。对于静态应变测量，温度变化是产生误差的重要原因，如有条件，可针对具体试样材料选用温度自补偿应变片。对于动态应变测量，应选用频率响应高、疲劳寿命长的应变片，如箔式应变片。

（3）应变梯度。应变片测出的应变值是应变片栅长范围内分布应变的平均值，要使这一平均值接近于测点的真实应变。在均匀应变场中，可以选用任意栅长的应变片，对测试结果无直接影响，但尺寸较大的应变片比较容易粘贴，测试精度相对较高；在应变梯度大的应变场中，应尽量选用栅长比较短的应变片；当大应变梯度垂直于所贴应变片的轴线时，应选用栅宽窄的应变片。

（4）测量精度。一般认为，以胶膜为基底、以铜镍合金和镍铬合金材料为敏感栅的应变片性能较好，它具有精度高、长期稳定性好以及防潮性能好等优点。

3.4.2 电阻应变片的安装

常温应变片的安装采用粘贴方法。应变片粘贴操作过程如下：

（1）检查和分选应变片。应变片粘贴前应对应变片进行外观检查和阻值测量。检查应变片敏感栅有无锈斑、基底和盖层有无破损，引线是否牢固等。阻值测量的目的是检查应变片是否有断路、短路情况，并按阻值进行分选，以保证使用同一温度补偿片的一组应变片的阻值相差不超过 $0.1\ \Omega$。

（2）粘贴表面的准备。首先除去构件（或试样）粘贴表面的油污、漆、锈斑、电镀层等，用砂布交叉打磨出细纹以增加黏结力，接着用浸有酒精（或丙酮）的脱脂棉球擦洗，并用钢针划出贴片定位线，再用细砂布轻轻磨去划线毛刺，然后再进行擦洗，直至棉球上不见污迹为止。

（3）贴片。黏结剂不同，应变片粘贴的过程也不同。以氰基丙稀酸酯黏结剂 502 胶为例，在应变片基底底面涂上 502 胶（挤上一小滴 502 胶即可），立即将应变片底面向下放在被测位置上，并使应变片轴线对准定位线，然后将氟塑料薄膜盖在应变片上，用手指柔和滚压挤出多余的胶，然后用拇指静压 1 min，使应变片与被测件完全黏合后再放开，从应变片无引线的一端向有引线的一端揭掉氟塑料薄膜。

注意：502 胶不能用得过多或过少，过多会导致胶层太厚影响应变片测试性能，过少则黏结不牢，不能准确传递应变，也影响应变片测试性能。此外，小心不要被 502 胶粘住手指，如被粘住，可用丙酮洗。

（4）固化。贴片时最常用的是氰基丙烯酸酯黏结剂（如 502 胶水、501 胶水）。用它贴片后，只要在室温下放置数小时即可充分固化，而且具有较强的黏结能力。

对于需要加温加压固化的黏结剂，应严格按黏结剂的固化规范进行。

（5）测量导线的焊接与固定。待黏结剂初步固化以后，即可焊接导线。常温静态应变测量时，导线可采用直径为 0.1～0.3 mm 的单丝包铜线或多股铜芯塑料软线。导线与应变片引线之间最好使用接线端子片，如图 3-13(a)所示。接线端子片是用敷铜板腐蚀而成的。接线端子片应粘贴在应变片引线端的附近，将应变片引线与导线都焊在端子片上。注意：应变片引线通常在应变片出厂时已由工厂连接好，连接到接线端子时稍松弛即可，如图 3-13(c)所示，不宜过松，如图 3-13(b)所示。常温应变片均用锡焊。为了防止虚焊，必须除尽焊接端的氧化皮、绝缘物，再用酒精等溶剂清洗，并且焊接要准确迅速，焊点要丰满光滑，不带毛刺。图 3-13(c)中的应变片已覆盖了透明的防护层。

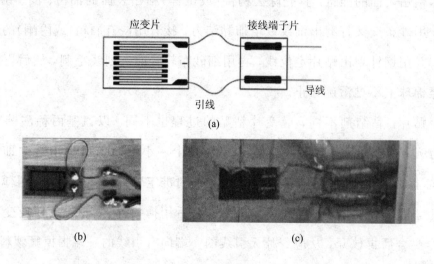

图 3-13 应变片引线和接线端子的连接

已焊好的导线应在试样上固定。固定的方法有用胶布粘、用胶粘（如用 502 胶粘）等。

（6）检查。对已充分固化并已连接好导线的应变片，在正式使用前必须进行质量检查。除对应变片作外观检查外，尚应检查应变片是否粘贴良好、贴片方位是否正确、有无短路和断路、绝缘电阻是否符合要求等。

3.4.3　电阻应变片的防护

对安装后的应变片，应采取有效的防潮措施。

防潮剂应具有良好的防潮性，对被测件表面和导线有良好的黏结力；弹性模量低，不影响被测件的变形；对被测件无损坏作用，对应变片无腐蚀作用；使用工艺简单。

防护方法的选择取决于应变片的工作条件、工作期限及所要求的测量精度。对于常温应变片，常采用硅橡胶密封防护方法。这种方法是用硅橡胶直接涂在经清洁处理过的应变片及其周围，在室温下 12～24 h 固化，放置时间越长，固化效果越好。硅橡胶使用方便，防潮性能好，附着力强，储存期长，耐高低温，对应变片无腐蚀作用，但黏结强度较低。

3.5 半导体应变片

半导体应变片是随着半导体技术的发展而产生的新型应变片。与金属丝式应变片或箔式应变片的工作原理不同,半导体应变片是利用硅半导体材料的压阻效应工作的,因而灵敏度大大高于金属丝式应变片或箔式应变片,制造成本低,易于集成和数字化。

3.5.1 半导体应变片的结构及工作原理

半导体应变片是利用硅半导体材料的压阻效应制成的。半导体材料在受力变形后,除机械尺寸的变化引起电阻改变外,其电阻率也同时发生了很大改变,从而引起应变片阻值的变化。这种由外力引起半导体材料电阻率变化的现象称为半导体材料的压阻效应。

制造半导体应变片的敏感栅材料,有锗、硅、锑化铟、磷化铟、磷化镓及砷化镓等,但大批量产品常用的材料还是锗或硅。按照制造敏感栅的不同方法,半导体应变片可以分为3种类型,即体型半导体应变片、扩散型半导体应变片和薄膜型半导体应变片。以上3种半导体应变片结构原理示意图分别如图3-14(a)、(b)和(c)所示。

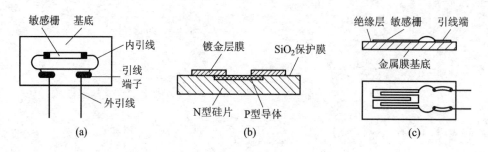

图 3-14 半导体应变片的结构

由于半导体应变片灵敏度高，对后续电路的要求就比较低，所以也用来制作各种传感器，如力传感器、压力传感器、加速度传感器等。

由于半导体应变片对温度很敏感，因而使用相同性能的应变片时必须进行温度补偿。最好的测试方法是使用 4 个应变片组成全桥电路，当然也可使用半桥电路测试。由于应变片阻值的变化很大，使用恒压供桥(见 3.6 节)时，应变片的输出必须互补，否则将产生较大的非线性误差，所以恒流供桥是优选方案。

3.5.2 半导体应变片的特点

半导体应变片的主要特点有以下几个方面：

(1) 尺寸小而电阻值大。半导体应变片敏感栅的栅长都比较小，最小的可在 0.2 mm 以下，最大的电阻值可达到 10 kΩ。

(2) 灵敏系数大。常用的半导体应变片，灵敏系数的范围为 50～200，还可以根据测量的需要选用不同的敏感栅材料，使灵敏系数为正或为负值。

(3) 机械滞后的蠕变小。

(4) 横向效应系数很小。

(5) 疲劳寿命高。

(6) 应变—电阻变化曲线的线性差，应变极限也比较低。

(7) 灵敏系数随温度的变化大。

(8) 温度效应很明显，热输出值大。半导体应变片对温度很敏感，因而温度稳定性和重复性不如金属应变片，适用于应变变化小的应变测试，尤其适用于动态应变测试。

(9) 工作特性的分散性大。由于半导体材料的电阻率等性能具有较大的离散性，致使应变片的灵敏系数、热输出等工作特性的分散度大。

（10）工作温度范围窄。由于以上这些特点，半导体应变片在应力测量方面的应用不是很普遍，只有在要求应变片的尺寸很小而灵敏系数高的场合才选用它。且工作温度一般不超过 100℃，应变测试时的环境温度不宜有较大的变化。

3.5.3　半导体应变片的粘贴技术

半导体应变片大多采用黏结剂进行安装。考虑到这种应变片的特点及性能上的限制，安装时要特别注意以下问题。

（1）黏结剂的选择。

首先，由于半导体敏感栅的机械滞后和蠕变近于零，安装之后的机械滞后和蠕变值主要取决于所用黏结剂的质量，必须选用滞后和蠕变都很小的黏结剂，才能充分发挥半导体敏感栅的特性。其次，要求黏结剂的膨胀系数不要太大，以保证胶层在受热膨胀时，不会使半导体敏感栅承受过大的应力。此外，还要求黏结剂的固化温度较低，固化时的体积收缩率较小。这是因为过高的固化温度将改变半导体材料的性能（以室温固化为宜），若溶剂挥发而产生较多的体积收缩，将使敏感栅所承受的压缩应力增大。最后，由于半导体敏感栅很脆，不容许黏结剂进行加压固化，防止在安装时把敏感栅压坏。

（2）粘贴工艺。

生产厂家提供的半导体应变片有两种：一种是有基底的；另一种是不带基底的。有基底的半导体应变片，粘贴时的步骤和要求与安装常温箔式电阻应变片基本相同（见 3.4 节）。若应变片在出厂时没有覆盖层，当它们被粘贴到试样表面（经初步固化或半固化）以后，可在其上表面涂敷 1～2 层黏结剂，或者加盖一层保护膜，再进行最后的固化处理或稳定化处理。

不带基底的半导体应变片，安装时应在经过打磨处理与严格清洗的试样表面上，先涂敷 1～2 次黏结剂并进行固化，形成具有足够绝缘电阻的底层（厚度为 0.01～0.02 mm），然后再按规定的步骤粘贴敏感栅，并加盖保护层。

（3）引线的连接。

有基底的半导体应变片，引线的焊接比较简单。它们的内引线已经焊在应变片内的引线端子上，这时只需焊上外引线，或者把外引线与试样上的接线端子连接即可。

对于无基底的半导体应变片，需要在粘贴敏感栅的时候安装一个内引线端子，这种端子的接点表面有焊接性能良好的金属（如纯金）镀层。用纯金引线使敏感栅与此端子连接。内引线的直径很小（$\phi 0.05$ mm），焊接时不能用普通的铅锡焊料，应采用不含铅的银锡焊料（银含量约 5%），配以功率很小的微型恒温烙铁，在尽可能短的时间内完成焊接。外引线以及测量导线的连接同上。

3.6 电阻应变片的测量电路

通过应变片可以将被测件的应变转化为应变片的电阻变化，但通常这种电阻变化是很小的。为了便于测量，需将应变片的电阻变化转化为电压(或电流)信号，再通过放大器将信号放大，然后由指示仪或记录仪器指示或记录应变数值。这一任务是由电阻应变仪来完成的。电阻应变仪中将应变片的电阻变化转化为电压(或电流)变化是由应变电桥(即惠斯顿电桥)来完成的。

电阻应变片因随构件变形而发生的电阻变化 ΔR，通常用四臂电桥(惠斯顿电桥)来测量，现以图 3-15 中的直流电桥来说明，图中四个桥臂 AB、BC、AD 和 CD 的电阻分别为 R_1、R_2、R_3 和 R_4。若它们均为电阻应变片，则称为全桥接法；若 R_1、R_2 为电阻应变片，而 R_3、R_4 为两个相同的精密无感电阻，则为半桥接法。下面分析一下电桥为全桥接法时的一般情况。根据电工学原理电桥输出的电压为：

$$U_{BD} = \frac{R_1 R_4 - R_2 R_3}{(R_1 + R_2)(R_3 + R_4)} E \tag{3.12}$$

如果 $R_1 R_4 = R_2 R_3$，则 $U = 0$，电桥处于平衡状态。在应变测量前，应先将电桥预调平衡，使电桥没有输出。因此，当试件受力变形时，贴在其上的应变片 R_1、R_2、R_3、R_4 感受到的应变是 ε_1、ε_2、ε_3、ε_4，各片的电阻值相应发生变化，其变化量分别为 ΔR_1、ΔR_2、ΔR_3、ΔR_4，由式(3.12)可求得此时电桥的输出电压为：

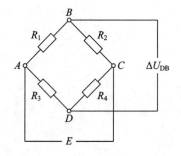

图 3-15 惠斯顿电桥

$$U_{BD} = \frac{E}{4} \left[\frac{\Delta R_1}{R_1} - \frac{\Delta R_2}{R_2} - \frac{\Delta R_3}{R_3} + \frac{\Delta R_4}{R_4} \right] \tag{3.13}$$

对于电阻应变片 $R_i (i = 1、2、3、4)$ 有：

$$\frac{\Delta R_i}{R_i} = K_i \varepsilon_i \qquad (3.14)$$

其中，K_i 为应变片的灵敏系数，ε_i 为应变片纵向、轴向（即敏感栅栅长方向）的应变值。若组成统一电桥的应变片的灵敏系数均为 K，则可将式(3.13)改写成：

$$U_{BD} = \frac{E}{4} K(\varepsilon_1 - \varepsilon_2 - \varepsilon_3 + \varepsilon_4) \qquad (3.15)$$

由上式表明，由应变片感受到的 $(\varepsilon_1 - \varepsilon_2 - \varepsilon_3 + \varepsilon_4)$，通过电桥可以线性地转变为电压的变化 U_{BD}，只要对这个电压的变化量进行标定，就可用仪表指示出所测量的 $(\varepsilon_1 - \varepsilon_2 - \varepsilon_3 + \varepsilon_4)$，公式(3.15)还表明，相邻桥臂的应变相减，相对桥臂的应变相加，这一特性称为电桥的加减特性，今后将多次用到这一特性。下面给出几种常见的组桥方式。

1. 组桥方式

(1)单臂测量：桥路中只有一个桥臂接工作片参与机构的机械变形，其余三个桥臂都不参加机械变形。输出桥压是：

$$\Delta U_{DB} = \frac{E}{4} \frac{\Delta R_1}{R_1} = \frac{EK}{4} \varepsilon_1 \qquad (3.16)$$

(2)半桥测量：桥路中相邻的两个桥臂参与构件的机械变形，如 AB 和 BC 分别接工作片 R_1、R_2，其余两个桥臂接仪器内部电阻。输出桥压为：

$$\Delta U_{DB} = \frac{E}{4} \left(\frac{\Delta R_1}{R_1} - \frac{\Delta R_2}{R_2} \right) = \frac{EK}{4} (\varepsilon_1 - \varepsilon_2) \qquad (3.17)$$

(3)对臂测量：桥路中相对的两个桥臂参与构件机械变形，其余桥臂不参加机械变形。输出的桥压为：

$$\Delta U_{DB} = \frac{E}{4} \left(\frac{\Delta R_1}{R_1} + \frac{\Delta R_4}{R_4} \right) = \frac{EK}{4} (\varepsilon_1 + \varepsilon_4) \qquad (3.18)$$

（4）全桥测量：桥路中四个桥臂全部参与构件机械变形。输出桥压为：

$$\Delta U_{DB} = \frac{E}{4}\left(\frac{\Delta R_1}{R_1} - \frac{\Delta R_2}{R_2} - \frac{\Delta R_3}{R_3} + \frac{\Delta R_4}{R_4}\right) = \frac{EK}{4}(\varepsilon_1 - \varepsilon_2 - \varepsilon_3 + \varepsilon_4) \quad (3.19)$$

2. 温度补偿片

电阻片的电阻随温度的变化而变化，利用电桥的加减特性，通过温度补偿片来消除这一影响。所谓温度补偿片，是将电阻片贴在与构件材质相同但不参与变形的一块材料上，并于构件处于相同的温度条件下，将补偿片正确连接在桥路中即可消除温度变化产生的影响。

下面分别讨论各种组桥方式解决温度补偿的方法。

（1）单臂测量：AB 臂接工作片，BC 臂接温度补偿片，其余两臂接仪器的内部标准电阻，如图 3-16 所示。

若温度引起的应变用 ε_T 表示，则工作片产生的应变包括构件变形的应变和温度产生的应变，即 $\varepsilon_1 + \varepsilon_T$，而温度补偿片仅有温度产生的应变 ε_T。输出电压为：

$$\Delta U_{DB} = \frac{EK}{4}(\varepsilon_1 + \varepsilon_T - \varepsilon_T) = \frac{EK}{4}\varepsilon_1 \quad (3.20)$$

即电桥的输出电压只与工作片感受的构件变形有关，而与温度的变化无关。

（2）半桥测量：AB、BC 臂接工作片，CD、DA 臂接仪器内部电阻，如图 3-17 所示。

两枚工作片处在相同的温度条件下，电桥的输出电压为：

$$\Delta U_{DB} = \frac{EK}{4}[\varepsilon_1 + \varepsilon_T - (\varepsilon_2 + \varepsilon_T)] = \frac{EK}{4}(\varepsilon_1 - \varepsilon_2) \quad (3.21)$$

由上式可知，由于电桥的加减特性自动消除了温度的影响，无需另接温度补偿片。

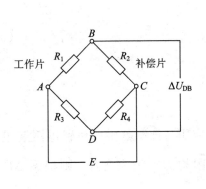

图 3-16　单臂测量

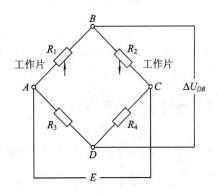

图 3-17　半桥测量

（3）对臂测量：一般 AB、CD 接工作片，另两个对臂温度补偿片，这时四个桥臂的电阻都处于相同的温度下，相互抵消了温度的影响，如图 3-18 所示。电桥的输出电压为：

$$\Delta U_{DB} = \frac{EK}{4}\left[(\varepsilon_1 + \varepsilon_T - \varepsilon_T - \varepsilon_T + \varepsilon_4 + \varepsilon_T)\right] = \frac{EK}{4}(\varepsilon_1 + \varepsilon_4) \qquad (3.22)$$

（4）全桥测量：四个桥臂都接工作片，如图 3-19 所示。由于它们处于相同的温度条件下，相互抵消了温度的影响。电桥的输出电压为：

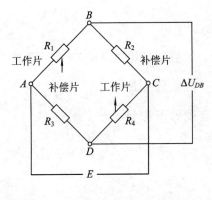

图 3-18　对臂测量

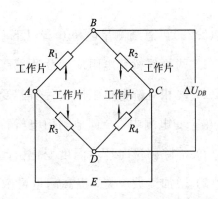

图 3-19　全桥测量

$$\Delta U_{DB} = \frac{EK}{4}\left[(\varepsilon_1 + \varepsilon_T - \varepsilon_2 - \varepsilon_T - \varepsilon_3 - \varepsilon_T + \varepsilon_4 + \varepsilon_T)\right]$$

$$= \frac{EK}{4}(\varepsilon_1 - \varepsilon_2 - \varepsilon_3 + \varepsilon_4) \tag{3.23}$$

3.6.3 测量电桥的基本特性

测量电桥，即为直流电桥(惠斯顿电桥)的应用。直流电桥的桥臂电阻与电桥输出电压之间的关系见式(3.23)。若 4 个桥臂电阻均为电阻应变片，则根据 $\Delta R/R = K\varepsilon$ 得到式(3.24)，即

$$U_0 = \frac{U_{AC}K}{4}(\varepsilon_1 - \varepsilon_2 - \varepsilon_3 + \varepsilon_4)$$

令 $\varepsilon_d = \varepsilon_1 - \varepsilon_2 - \varepsilon_3 + \varepsilon_4$，则

$$U_0 = \frac{U_{AC}K}{4}\varepsilon_d \tag{3.24}$$

式中：ε_d 称为读数应变。应变仪上的读数通常对应于读数应变 ε_d，而不是电桥电压输出 U_0。因此，式(3.24)可变为

$$\varepsilon_d = \frac{4U_0}{U_{AC}K} \tag{3.25}$$

由式(3.25)可总结测量电桥具有以下基本特性：

(1) 两相邻桥臂电阻应变片所感受的应变，代数值相减。

(2) 两相对桥臂电阻应变片所感受的应变，代数值相加。

在应变电测中，合理地利用电桥特性，可实现如下测量：

(1) 消除测量时环境温度变化引起的误差。

(2) 增加读数应变，提高测量灵敏度。

(3) 在复杂应力作用下，测出某一内力分量引起的应变。

3.7 电阻应变式传感器

电阻应变片不仅用于应变测量,还可以用来制成各种传感器。任一物理量(如力、压强、位移及加速度等)只要能转变为应变变化,即可利用电阻应变片进行间接测量。这种以应变片为敏感元件,将被测量转换为电信号的器件,称为电阻应变式传感器。例如,在测量力时,可将应变片粘贴在承受被测力的杆件上,由于杆件的应变与力的大小成正比,只要将应变片接入测量电路中,即可间接测出力的大小。上述杆件即称为弹性元件,它的作用是感受被测物理量的变化,从而产生一定的应变变化,以便用应变片进行测量。电阻应变片用于制作传感器已有相当长的历史,在 20 世纪 40 年代初就制成了第一批电阻应变式传感器。

早期,由于受材料、加工工艺、电阻应变片质量等方面的影响,用电阻应变片制作的电阻应变式传感器的准确性、稳定性都不能满足测量技术的要求,只适合用作单纯的鉴别控制元件。随后,电阻应变片几乎每隔 10 年就有一次质的飞跃,并且传感器弹性体的加工工艺、稳定化处理工艺、应变片粘贴工艺等技术都不断得到提高,由此电阻应变式传感器的准确性、可靠性等性能大大提高,具有高灵敏度、高精度、电信号输出,便于实现测量数字化、自动化等优点,在测量技术领域里得到广泛应用,并发展成为测力与称重传感器的主流。

20 世纪 80 年代,电阻应变式传感器开始在精密天平中得到应用,并逐渐成为各国力值传递的基准,从而步入了计量学精度的测量领域。用电阻应变片制成的传感器种类繁多,按使用目的的不同,可归纳为以下几种:

(1) 测力传感器(如图 3-20 所示)。

(2) 称重传感器(如图 3-21 所示)。

(3) 扭矩传感器(如图 3-22 所示)。

（4）压力传感器（如图3-23所示）。

（5）位移传感器及引伸计。

（6）振动（加速度）传感器。

（7）其他力学量传感器。

图 3-20　柱式测力传感器

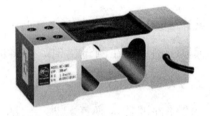

图 3-21　称重传感器

图 3-22　扭矩传感器

图 3-23　压力传感器

电阻应变式传感器的优劣，除电阻应变片的质量外，弹性元件也是其关键的部件，对弹性元件的材料、结构、热处理工艺及加工精度都有一定的要求。一般应根据被测参数的性质和大小来设计各种形式的弹性元件。弹性元件的最大工作应力应处于材料的线弹性阶段，但在粘贴应变片处的应变又不应太低，以使传感器得到较大的输出信号，具有较高的灵敏度。弹性元件应设计得紧凑并便于粘贴应变片和接线。

3.8 静态应变仪简介及使用方法

1. 概述

TS3862 型静态应变仪是一种装有微处理芯片的数字式应变仪,如图 3-24 所示,该仪器采用九个窗口同时显示,测力与应变测量同时进行且互不影响。该仪器通过 USB-RS485 转换器与计算机通讯,在操作系统 Win 98/2000,XP 平台上运行。一台计算机可控制多台应变仪,实现自动监测、图表显示、计算绘图、文件处理等多项功能,亦可脱机操作单台使用。

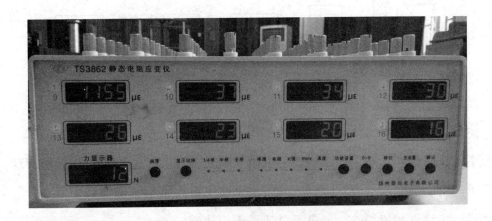

图 3-24 TS3862 型静态应变仪外观图

本机具有如下特点:

1)硬件部分

◆ 电子开关切换,体积小,重量轻,可靠性高。8 个窗口显示 8 个通道的应变值,经过切换,显示另外 8 个通道的应变值,第九个窗口显示力值。每个通道对应的应变片 K 值、电阻、桥路状态均可单独设置,自动扣零。数字低通滤波器,抗干扰能力强。采用金属接线柱接线，性能可靠，使用方便。

2）软件部分

◆ 中文 Win98/2000，XP 菜单操作系统，16 点棒图，数字监视图，X－Y 监视图，T－Y 监视图，定时测量，EXCEL 可调用数据格式。

2. 工作原理

本仪器由精密恒压源、多路切换开关、前置放大器、低通滤波器、A/D 转换器、单片机、显示电路、电源等部分组成，如图 3－25 所示。

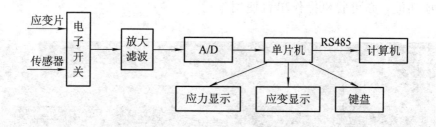

图 3－25　静态电阻应变仪工作原理图

本机桥路机理采用恒压源模式，电子开关切换测点，电路新颖，工作合理。桥路平衡采用初值扣除的方法，测量前将每个测点桥路不平衡值即初始值存贮，在随后测量中将该点初值扣除，实现了自动平衡的功能。

为简化操作，本机仅用 7 只按钮实现通道选择、参数设置、测量值显示等基本功能，具有简单易学，使用方便。对于桥路形式、应变片阻值及灵敏系数和力传感器满度值、mV/V（灵敏度）等参数，均由按键设置。当使用计算机控制时，一切功能均由计算机控制。

3. 面板功能

静态电阻应变仪前面板如图 3－26 所示。

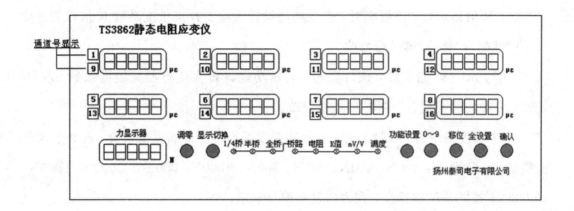

图 3-26　静态电阻应变仪前面板图

（1）通道号显示：显示当前测量的 8 个通道，1～8 通道为一组，9～16 通道为另一组，两组通道号由"显示切换"键切换显示。

（2）应变值显示器：共 8 个窗口，同时显示 8 个测点扣除零点后的实际应变值。

（3）力值显示器：用于显示力传感器加载的力值。

（4）"调零"按钮：长按 2 秒钟后，16 测点及力值测点的初始不平衡量被扣除。

（5）"显示切换"按钮：按一次，显示 1～8CH 的应变值；再按一次，显示 9～16CH 的应变值。

以下各键操作及指示灯显示均要求在功能设置状态下进行：

（6）桥路状态指示灯：共有 3 个指示灯，分别对应 1/4 桥、半桥、全桥，与"功能设置"键对应的"桥路"灯相关联。

（7）桥路灯：该灯亮时，表示功能设置为桥路状态设置。按"0～9"键进行修改，"1"表示 1/4 桥，"2"表示半桥，"3"表示全桥。

（8）电阻指示灯：该灯亮时，表示功能设置为应变片电阻阻值设置。共有 3 个应变片电阻阻值供选择，分别为 120 Ω、240 Ω、350 Ω，按"0～9"键选择。

（9）K 值指示灯：该灯亮时，表示功能设置为应变片灵敏度系数 K 值设置。按"0～9"键配合"移位"键进行修改。

（10）"mV/V"指示灯：该灯亮时，表示功能设置为传感器灵敏度系数 mV/V 设置。按"0～9"键配合"移位"键进行修改。

（11）满度指示灯：该灯亮时，表示功能设置为传感器满度值设置，有 9 个满度值供选择，分别为：100N、200N、300N、500N、1000N、2000N、3000N、5000N、10 000N，按"0～9"键选择，在力值显示窗口显示。

（12）功能设置按钮：用于选择"桥路"、"电阻"、"K 值"、" mV/V"、"满度"等五种功能的设置。长按 2 秒钟后，进入桥路功能设置状态，每按一次，依次进入下一状态。在"满度"功能设置后再按一次"功能设置"键，仪器退出功能设置状态，进入测量状态。

（13）"0～9"按钮：在设置桥路方式时按此键，当前通道的显示窗显示"1"、"2"、"3"，分别表示 1/4 桥、半桥、全桥。

在设置应变片电阻时按此键，当前通道的显示窗显示"120"、"240"、"350"三种电阻值。

在设置"K 值"、" mV/V"按此键，在"移位"按钮配合下，当前通道的显示窗由高位向低位，依次显示数字 0～9。

在设置力传感器满度时，按此键，当前通道的显示窗显示 100～10 000 N 等九种满度值。

（14）移位按钮：在设置"K 值"、" mV/V"时按此键，使当前通道的显示窗内闪烁的数码管由高位向低位，配合"0～9"数字键完成三位数或四位数的设置。

（15）全设置按钮：在设置某个参数时，按一下此键，则所有通道的某个参数均相同。

（16）确认按钮：在设置某个参数时，按一下此键，则进入下一通道的同一个参数设置。再按一下此键，进入下一通道的同一个参数设置，依次类推。

（17）RS485 口：两个 RS485 口是并联的，用于多台应变仪接连，用随机提供的 USB 与计算机接连。

（18）力传感器输入端子排：5 芯端子排，用于与力传感器连接使用，见图 3 - 27：第 1 芯 - P＋（正桥压），第 2 芯 - P -（负桥压），第 3 芯 - IN＋，第 4 芯 - IN -，第 5 芯 - GND。

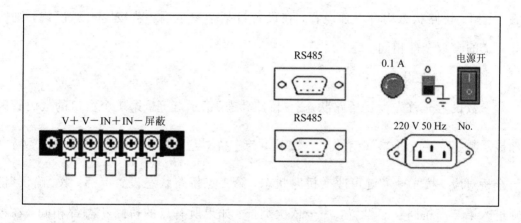

图 3 - 27　静态电阻应变仪后面板图

（19）保险丝座：内装 0.5 A 保险丝。

（20）接地开关：开关拨在下面位置时，机箱地与大地相连。

（21）电源开关：用于开启电源。

（22）三芯电源插座：用于接入 AC220V 交流电

4. 仪器使用方法

（1）机箱号设置。

接入市电，打开电源开关，仪器进入上电自检过程。此时，8 个显示应变的数码管依次显示全8字样,而显示力值的数码管显示机箱号。若机箱号不改变,则当8个显示应变的数码管依次显示全8字样完毕后(约8秒钟),自动进入测量状态。若机箱号需改变,在应变窗口依次显示全8时,按"功能设置"键,进入机箱号设置状态。通过"0～9"键和"移位"键配合使用,来设置机箱号。机箱号设置完毕后,按"功能设置"键,进入测量状态。

(2)参数设置。

长按"功能设置"键2秒钟后,进入功能设置状态。每个通道对应的应变片 K 值、电阻、桥路状态均可单独设置,在设置过某个参数后,若按"全设置"键,则所有通道的参数全部相同。

① 桥路状态设置。

参数设置时首先设置桥路状态,"桥路状态"指示灯亮。第1个窗口的数码管闪烁显示数字 "1"或者"2"或者"3",数字1与 $\frac{1}{4}$ 桥对应,数字2与半桥对应,数字3与全桥对应。按"0～9"键可改变桥路状态,第1点桥路状态设置完后,按"确认"键则进入第2点桥路状态设置,……依次类推。如果所有点的桥路状态都相同,在第1点的桥路状态设置完后,按"全设置"则所有通道的桥路状态相同。

② 应变片电阻设置。

每点桥路状态设置完毕后,按"功能设置"键进入应变片"电阻"设置状态,"电阻"指示灯亮。

仪器支持3种阻值的应变片,分别为 $120\ \Omega$、$240\ \Omega$、$350\ \Omega$。第1个窗口的数码管闪烁显示数字"120"或"240"或"350"字样,按"0～9"键选择。按"确认"键则进入第2点应变片电阻阻值设置,……依次类推。按"全设置",则所有通道的应变片电阻阻值相同。

③ 应变片灵敏度 K 设置。

在每点应变片电阻阻值设置完毕后，按"功能设置"键则进入应变片灵敏度 K 设置状态，"K 值"指示灯亮。K 值共三位数字，范围在 $1.00 \sim 9.99$ 之间，设置时须由"$0 \sim 9$"键和"移位"键配合起来使用。当第 1 个窗口的数码管数字闪烁时，按"$0 \sim 9$"键，和"移位"键配合使用，对三位数字进行设置。三位数都设置好之后，按"确认"键则进入第 2 通道应变片电阻 K 值设置，……依次类推。如果所有的 K 值都相同，在第 1 通道的 K 值设置完后，按"全设置"键，则所有通道的 K 值都与第 1 通道 K 值相同。

④ 传感器灵敏度"mV/V"设置。

在每通道应变片灵敏度 K 设置完毕后，按"功能设置"键则进入传感器灵敏度"mV/V"设置状态，"mV/V"指示灯亮。"mV/V"值设置时，须"$0 \sim 9$"键和"移位"键配合起来使用，设置方法同 K 值设置，在力值显示窗口显示。

⑤ 传感器满度值设置。

传感器灵敏度"mV/V"设置完毕后，按"功能设置"键则进入传感器满度值设置状态，"满度"指示灯亮。满度值分为九档，分别是 100N、200N、300N、500N、1000N、2000N、3000N、5000N、10000 N，按"$0 \sim 9$"键选择，在力值显示窗口显示。

(3) 测量。

在传感器"满度"值设置好之后，再按一次"功能设置"键，五个功能设置指示灯灭，仪器进入测量状态。

① 接线准备。

根据测试要求，按图 3-28 所示接好应变片：

第 16 点只能接 1/4 桥，且公共补偿接在第 16 点 A、B2 端子之间。其余各点可

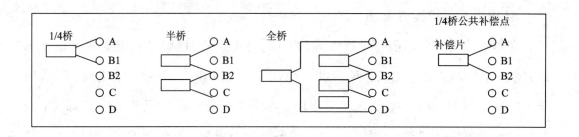

图 3-28 静态电阻应变仪接线图

任意接 1/4 桥、半桥、全桥，3 种桥路方式可混接。

② 测量。

开机后，长按"功能设置"键对各点参数进行设置，再按"功能设置"键进入测量状态。各点参数可断电保存，重新开机后无须再设置（如果参数不改变），直接进入测量状态。

仪器长按"调零"键，则各点的读数全部扣零。按"显示切换"键，则可轮流显示 CH1～CH8、CH9～CH16 的两组读数，同时传感器的力值显示也归零，然后就可加载进行测量。若某测点过载（短接或断线），则仪器对应测点窗口显示"－－－－－"。

（4）应变值与应力的关系。

用轴向应变测量值（单位微应变）乘以试件材料的弹性模量 E（单位 kgf/mm^2），得应力 σ。

$$\sigma = E \cdot \varepsilon$$

例如测得钢制试件表面应力为 100 $\mu\varepsilon$，钢的弹性模量

$$E = 200 \text{ GPa}$$

则应力为

$$\sigma = E \cdot \varepsilon = 200 \text{ GPa} \times 100 \text{ } \mu\varepsilon = 2 \text{ kgf/mm}^2 = 20 \text{ MPa}$$

（5）注意事项。

① 应采用相同的应变片来构成应变桥，以使应变片具有相同的应变系数和温度系数。

② 补偿片应贴在与试件相同的材料上，与测量片保持同样的温度。

③ 测量片和补偿片不受强阳光曝晒，高温辐射和空气剧烈流动的影响。

④ 应变片对地绝缘电阻应为 500 MΩ 以上，所用导线（包括补偿片）的长度，截面积都应相同，导线的绝缘电阻也应在 500 MΩ 以上。

⑤ 保证线头与接线柱的连接质量，若接触电阻或导线变形引起桥臂改变千分之一欧姆（1 mΩ）将引起用 5 $\mu\varepsilon$ 的读数变化，所以在测量时不要移动电缆。

3.9 NH-3材料力学多功能组合实验装置

多功能组合实验装置是将多个单项材料力学实验集中在一个实验台上进行，是一套小型组合实验装置。多功能组合实验装置的使用非常简单，用时稍加准备，将所需实验项目的实验件旋转到加力杆下，然后锁紧固定，即可进行梁的弯曲正应力实验、弯扭组合实验、偏心拉伸实验、材料弹性模量 E 和泊松比剪变模量 G 的测定、悬臂梁和复合梁内力测试等各种实验。

材料力学多功能组合实验装置如图 3-29 所示，由力柱、底盘、加力手轮、力传感器、数字测力仪、加力头、左右旋转支架、等强度实验梁、纯弯曲实验梁、弯扭组合实验梁、温度补偿块等组成。

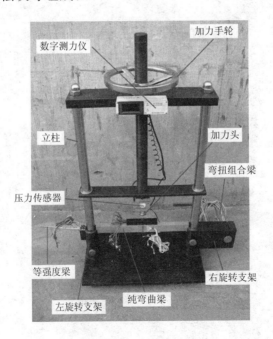

图 3-29 材料力学多功能组合装置

多功能组合实验装置的使用非常简单，将所需实验项目的实验件旋转到加力杆下，并锁紧，再旋转加力手轮加力即可。

1．操作规程

（1）打开数字测力仪电源并进行调零，根据实验需要，安装试件或更换拉压接头，转动旋转臂到各个实验的相应位置。

（2）检查试件、支座、拉压接头的相应位置是否对中和对准，是否符合要求，若达到要求，拧紧固定。

（3）缓慢转动加载手轮，便可对试件施加拉力或压力（顺时针旋转施加压力，逆时针旋转施加拉力）。力的大小由数字测力仪显示，单位为"N"，数字前显示"－"号表示压力，无"－"号表示拉力。荷载大小根据各实验的具体要求来确定。

2．注意事项

切勿超载，所加荷载不得超过各实验的规定要求，最大不超过 5000 N，否则将损坏荷载传感器。

第四章 电测应力实验项目

4.1 弯曲正应力实验

1. 实验目的

(1) 用电测法测定梁纯弯曲时沿其横截面高度的正应变(正应力)分布规律。

(2) 验证纯弯曲梁的正应力计算公式。

(3) 初步掌握电测方法。

2. 实验仪器

(1) 多功能组合实验装置一台。

(2) TS3860/TS3862 型静态数字应变仪一台。

(3) 纯弯曲实验梁一根。

(4) 温度补偿块一块。

3. 实验原理和方法

弯曲梁的材料为钢,其弹性模量 $E=210\,\text{GPa}$,泊松比 $\mu=0.29$。用手转动实验装置上面的加力手轮,使四点弯上压头压住实验梁,则梁的中间段承受纯弯曲。根据平面假设和纵向纤维间无挤压的假设,可得到纯弯曲正应力计算公式为

$$\sigma = \frac{M}{I_x} y \qquad (4.1)$$

式中：M 为弯矩；I_x 为横截面对中性轴的惯性矩；y 为所求应力点至中性轴的距离。

由式(4.1)可知，沿横截面高度正应力按线性规律变化。

实验时采用螺旋推进和机械加载方法，可以连续加载，载荷大小由带拉压传感器的电子测力仪读出。当增加压力 ΔP 时，梁的四个受力点处分别增加作用力 $\Delta P/2$，如图 4-1 所示。

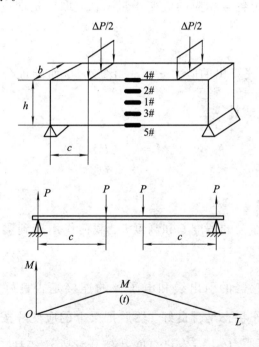

图 4-1　弯曲正应力实验原理图

为了测量梁纯弯曲时横截面上应变分布规律，在梁纯弯曲段的侧面各点沿轴线方向布置了 5 片应变片(见图 4-1)(其中：$b-15.5$ mm；$h=24.5$ mm；$c=125$ mm)，各应变片的粘贴高度见弯曲梁上各点的标注。此外，在梁的上表面沿横向粘贴了第 6 片应变片。

如果测得纯弯曲梁在纯弯曲时沿横截面高度各点的轴向应变，则由单向应力状态的虎克定律公式 $\sigma = E\varepsilon$，可求出各点处的应力实验值。将应力实验值与应力理论值进行比较，以验证弯曲正应力公式。

$$\sigma_{实} = E\varepsilon_{实} \tag{4.2}$$

式中，E 是梁所用材料的弹性模量。

为确定梁在载荷 ΔP 的作用下各点的应力，实验时，可采用"增量法"，即每增加等量的载荷 ΔP 测定各点相应的应变增量一次，取应变增量的平均值 $\Delta\varepsilon_{实}$ 来依次求出各点应力。

把 $\Delta\sigma_{实}$ 与理论公式算出的应力 $\sigma = \dfrac{MY}{I_z}$ 比较，从而验证公式的正确性，上述理论公式中的 M 应按下式计算：

$$M = \frac{1}{2}\Delta Pa \tag{4.3}$$

4. 实验步骤

（1）检查矩形截面梁的宽度 b 和高度 h、载荷作用点到梁支点距离 c 及各应变片到中性层的距离 y_i。

（2）检查压力传感器的引出线和电子秤的连接是否良好，接通电子秤的电源线。检查应变仪的工作状态是否良好。然后把梁上的应变片按序号接在应变仪上的各不同通道的接线柱 A、B 上，公共温度补偿片接在接线柱 B、C 上。相应电桥的接线柱 B 需用短接片连接起来，而各接线柱 C 之间不必用短接片连接，因其内部本来就是相通的。因为采用半桥接线法，故应变仪应处于 1/4 桥测量状态。应变仪的操作步骤见应变仪的使用说明书。

（3）根据梁的材料、尺寸和受力形式，估计实验时的初始载荷 P_0（一般按 $P_0 =$

$0.1\sigma_s$ 确定)、最大载荷 $P_{\max}$(一般按 $P_{\max}\leqslant0.7\sigma_s$ 确定)和分级载荷 ΔP(一般按加载 $4\sim6$ 级考虑)。

本实验中取 $P_0=100$ N,$\Delta P=300$ N,$P_{\max}=1600$ N,分五次加载。实验时逐级加载,并记录各应变片在各级载荷作用下的读数应变。

重复上述实验三次,取其三次平均值即为实验应力值。

同一组同学可轮换操作。实验完毕后将载荷卸掉,关上电阻应变仪电源开关,并请教师检查实验数据后,方可离开实验室。

5. 实验报告

(1)将各类数据(原始数据、实验记录数据等)整理成表格,画出装置简图,将布片位置标清。

(2)对每一测点求出应变增量的平均值

$$\Delta\varepsilon_{均} = \frac{\sum\Delta\varepsilon_i}{n}$$

算出相应的应力增量的实测值

$$\Delta\sigma_{实} = E\Delta\varepsilon_{均}$$

(3)求出各测点应力的理论值,公式为

$$\Delta\sigma_{理} = \frac{\Delta M \cdot Y}{I_Z}$$

式中的 $\Delta M=\frac{1}{2}\Delta P\cdot a$,$I_Z=\frac{1}{12}bh^3$,$Y$ 为各测点到中性层的距离。

(4)对每一测点,列表比较 $\Delta\sigma_{实}$ 与 $\Delta\sigma_{理}$,计算相对误差:

$$\left|\frac{\sigma_{实}-\sigma_{理}}{\sigma_{理}}\right|\times100\%$$

在梁的中性层内,因 $\Delta\sigma_{理}=0$,只需计算绝对误差。

（5）以 Y 为纵坐标，以 σ 为横坐标，把以上计算的实验应力值和理论应力值标在同一座标纸上，进行比较。

（6）回答思考题提出的问题。

6. 预习及思考讨论题

预习第 3 章及本节内容，复习材料力学弯曲应力有关章节，查阅《传感器原理与应用》中关于电阻应变式传感器的章节，回答以下思考题。

（1）画出金属箔式电阻应变片的结构，并说明各部分的作用。

（2）简述电阻应变片的工作原理。

（3）电阻应变的工作特性有哪些？

（4）了解惠斯顿电桥的工作原理，绘制半桥测量电桥的接线法，写出电桥平衡的条件。

7. 思考题

（1）两个几何尺寸及受载情况完全相同的梁，但材料不同，试问在同一位置处测得的应变是否相同？应力呢？

（2）理论计算出来的 $\sigma_{理}$ 与实际测量计算出的 $\sigma_{实}$ 之间的误差是何原因产生的？

（3）当应变片灵敏系数与应变仪灵敏系数一致时，将粘贴在被测件上的应变片组成单臂半桥测量电路，被测件受力后，应变仪读到的应变是否为被测件表面的应变？

（4）将粘贴在被测件上的应变片组成测量电桥接至应变仪上，未对被测件作用外力，但应变仪有读数应变，该读数应变是由什么原因引起的？

（5）比较应变片 2 和 3（或应变片 4 和 5）的应变值，可得到什么结论？

（6）能通过加长或增加应变片敏感栅线数的方法改变应变片的电阻值来改变

应变片的灵敏系数吗？为什么？

（7）本实验中对应变片的栅长尺寸有无要求？为什么？

（8）应变片测量的应变是（   ）。

a. 应变片栅长中心处的应变

b. 应变片栅长长度内的平均应变

c. 应变片栅长两端点处的平均应变

4.2 等强度梁测定实验

1. 实验目的

（1）了解用电阻应变片测量应变的原理。

（2）进行电阻应变仪的操作练习，熟悉用半桥接线法和全桥接线法测量应变。

（3）熟悉测量电桥的应用。掌握应变片在测量电桥中的各种接线方法。

（4）测量计算等强度梁各点的应力。

2. 实验仪器和设备

（1）TS3860/TS3862 型静态数字应变仪一台。

（2）多功能组合实验装置一台。

（3）等强度实验梁一根。

（4）温度补偿块一块。

3. 实验原理和方法

等强度梁测定实验是在多功能组合实验装置上进行的。它由旋转支架、等强度梁、砝码等组成。等强度梁材料为钢，弹性模量 $E=210\,\mathrm{GPa}$，$\mu=0.28$。在梁的上、下表面沿轴向各粘贴两个应变片，如图 4-2 所示。

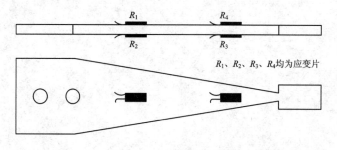

图 4-2 等强度梁示意图

其中厚度 $H=9.5$ mm，长度 $C=150$ mm，宽度 $B=35$ mm。若在测量电桥中四个桥臂上接入规格相同的电阻应变片，它们的电阻值为 R，灵敏系数为 K。当构件变形后，各桥臂电阻的变化分别为 ΔR_1、ΔR_2、ΔR_3、ΔR_4，它们所感受的应变相应为 ε_1、ε_2、ε_3、ε_4，则 BD 端的输出电压由式(4.4)给出：

$$U_{BD} = \frac{U_{AC}}{4}\left(\frac{\Delta R_1}{R} - \frac{\Delta R_2}{R} - \frac{\Delta R_3}{R} + \frac{\Delta R_4}{R}\right)$$

$$= \frac{U_{AC}K}{4}(\varepsilon_1 - \varepsilon_2 - \varepsilon_3 + \varepsilon_4) = \frac{U_{AC}K}{4}\varepsilon_d \qquad (4.4)$$

由此可得应变仪的读数应变，按式(4.4)为

$$\varepsilon_d = \varepsilon_1 - \varepsilon_2 - \varepsilon_3 + \varepsilon_4$$

在实验中采用了六种不同的接线方式，但其读数应变与被测点应变间的关系均可按上式进行分析。

将等强度梁上的四枚应变片 R_1、R_2、R_3 和 R_4 分别接入应变仪的四个通道，采用公共补偿接线法（即半桥单臂接线法），然后对等强度梁加载，分别测出四枚应变片的读数应变。按理论分析，这四枚应变片的读数应变绝对值应相等。

根据等强度梁的尺寸和应变片粘贴的位置，可计算这两个截面正应力的理论值；由所测得的应变，可计算得到这两截面正应力的实验值，分析造成实验值与理论值差异的原因。

4. 实验步骤

1）单臂测量

采用半桥接线法测量等强度梁上四个应变片的应变值，如图 4-3(a)所示。将等强度梁上每一个应变片分别接在应变仪不同通道的接线柱 A、B_1 上，补偿块上的温度补偿应变片接在应变仪的接线柱 A、B_2 上，并使应变仪处于半桥测量状态，

记录各级载荷作用下的读数应变。多功能组合实验装置的操作步骤参见 NH – 3 型多功能组合实验装置说明书。

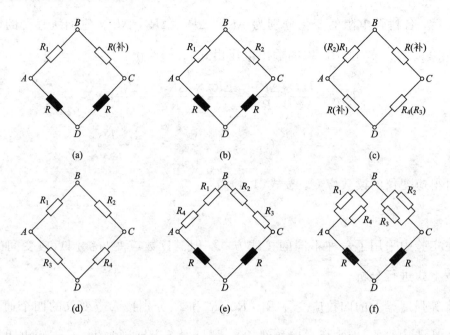

图 4 – 3　各种桥路示意图

2）半桥测量

采用半桥接线法，如图 4 – 3(b)所示。选择等强度梁上两个应变片，分别接在应变仪的接线柱 A、B 和 B、C 上，应变仪为半桥测量状态，应变仪作必要的调节后，按步骤 1)的方法加载并记录读数应变。

3）相对两臂测量

采用全桥接线法，如图 4 – 3(c)所示。选择等强度梁上两个应变片，分别接在应变仪的接线柱 A、B 和 C、D，应变仪为全桥测量状态。应变仪作必要调节后，按步骤 1)的方法进行实验。

4）全桥测量

采用全桥接线法，如图 4-3(d)所示。将等强度梁上的四个应变片有选择地接到应变仪的接线柱 A、B、C、D 之间，此时应变仪仍然处于全桥测量状态。应变仪作必要的调节后，按 1) 的方法进行实验。

5）串联测量

将等强度梁上的应变片 R_1、R_4 和应变片 R_2、R_3 分别串联后按图 4-3(e)所示的半桥接线法连接，应变仪为半桥测量状态。应变仪作必要的调节后，按步骤 1) 进行实验。

6）并联测量

将等强度梁上的应变片 R_1、R_4 和 R_2、R_3 分别并联后按图 4-3(f)所示的半桥接线法连接，应变仪为半桥测量状态。应变仪作必要调节后，按步骤 1) 进行实验。

各个电桥分级加载：$P_0 = 10$ N，$\Delta P = 10$ N，$P_{max} = 40$ N，记录各级载荷作用下的读数应变。

5. 实验报告

（1）按步骤完成实验，并制成表格，整理各种接法的实验数据。

（2）比较各种桥路接线方式的测量灵敏度。

（3）计算各点应力值大小。（按公式 $\sigma_{实} = E\varepsilon_{实}$ 计算）

6. 预习与思考题

（1）分析上述 6 种桥路接线方式中温度补偿的实现方式。

（2）采用串联或并联组桥方式，能否提高测量灵敏度？为什么？

（3）应变片的灵敏系数 K 为 2.24，应变仪的灵敏系数 K 为 2.12，已知读数应变分别为 290 $\varepsilon\mu$，218 $\varepsilon\mu$，145 $\varepsilon\mu$，问实测应变为多少？

4.3 桥路实验的设计

1. 概述

在单向应力状态下，应力、应变测量是材料力学实验的基本内容之一。用同学们自己在板状试件上贴的电阻应变片，按要求去设计不同的应变电桥桥路来完成实验任务。通过该项实验，同学们应学会如何组织一项电测实验，掌握电阻应变仪测量技术，掌握借助实验手段来分析一点上应力的方法。

在外力作用下材料会发生变形。对于具有各向同性性质的线弹性材料，当外力在比例极限范围内时，其正应力与线应变成正比关系，这种关系称为胡克定律。单轴拉伸（或压缩）时胡克定律的表达式为

$$\sigma = E\varepsilon$$

式中：σ 为正应力；ε 为线应变；E 为拉伸（压缩）弹性模量（或杨氏模量）。

2. 实验任务

（1）根据设计任务要求，写出预习报告。

（2）测量板状试样的弹性模量 E（单位 GPa，保留三位有效数字）。

（3）测量板状试样的横向变形系数 μ（保留三位有效数字）。

（4）每组同学设计 3～4 种不同的应变电桥桥路进行测量。

3. 实验设备

（1）板状试样，拉伸试样的材料为钢（宽 $H=20$ mm，厚 $T=2.4$ mm）。

（2）多功能组合实验装置一台。

（3）TS3860/ TS3862 型静态数字应变仪一台。

（4）游标卡尺一个。

4. 实验原理

电测法多采用平板试样，试样形状及贴片方位如图 4-4 所示。为了保证拉伸时的同心度，通常在试样两端开孔，以销钉与拉伸夹头连接，同时可在试样两面贴应变片，以提高实验结果的准确性。

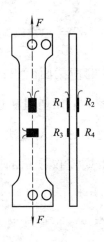

图 4-4　平板拉伸试样

实验时，将试样适当地装夹在实验装置上，施加轴向拉伸载荷 F（在材料的比例极限范围内），用电阻应变仪分别测量由 F 引起的轴向应变 ε_L 和横向应变 ε_T，根据弹性模量及泊松比的定义按下式计算出 E 和 μ：

$$\left.\begin{aligned} E &= \frac{\sigma}{\varepsilon_L} \\ \mu &= \left| \frac{\varepsilon_T}{\varepsilon_L} \right| \end{aligned}\right\} \tag{4.5}$$

式中：

$$\varepsilon_L = \frac{1}{2}(\varepsilon_{L1} + \varepsilon_{L2}); \quad \sigma = \frac{F}{A_0}$$

（1）测定材料弹性模量 E，一般采用比例极限内的拉伸实验，材料在比例极限

内服从虎克定律。由于本实验采用电测法测量，其反映变形测试的数据为应变增量，即

$$\Delta\varepsilon = \frac{\Delta L}{L_0}$$

所以弹性模量 E 的表达式可以写成

$$E = \frac{\Delta P}{A_0 \Delta\varepsilon}$$

式中：ΔP 为荷载增量；A_0 为试样的横截面面积；$\Delta\varepsilon$ 为应变增量。

为了验证力与变形的线性关系，采用增量法逐级加载，分别测量在相同荷载增量 ΔP 作用下试样所产生的应变增量 $\Delta\varepsilon$。增量法可以验证力与变形间的线性关系，若各级荷载量 ΔP 相等，相应地由应变仪读出的应变增量 $\Delta\varepsilon$ 也大致相等，则线性关系成立，从而验证了虎克定律。用增量法进行实验还可以判断出实验是否有误，若每次测出的变形不按一定规律变化就说明实验有错误，应进行检查。

（2）材料在受拉伸或压缩时，不仅沿纵向发生变形，在横向也会同时发生缩短或伸长的横向变形。由材料力学知，在弹性变形范围内，轴向应变 ε_L 和横向应变 ε_T 成正比关系，这一比值称为材料的泊松比，一般以 μ 表示，即

$$\mu = \left| \frac{\varepsilon_T}{\varepsilon_L} \right| \tag{4.6}$$

（3）加载方案设计。

① 确定最大荷载 $P_{\max}$。

为了保证试样在比例极限范围内进行实验，最大荷载一般取 P_s 的 70% ～ 80%：

$$P_{\max} = P_s \times 80\%$$

② 确定初荷载 P_0。

为了消除加载机构的间隙所引起的系统误差，预先施加一初荷载 P_0，一般取最大荷载的 10%：

$$P_0 = P_{max} \times 10\%$$

③ 确定等量增加的荷载 ΔP。

实验至少应分 4～5 级加载，每级荷载增量：

$$\Delta P = \frac{P_{max} - P_0}{n}$$

式中，n 一般取 5 级。P_{max}、P_0、ΔP 的计算结果应取整。

（4）电桥桥路连接方案设计。

① 单臂测量。

实验时，在一定载荷条件下，分别对前、后两枚轴向应变片进行单片测量，并取其平均值 $\Delta \varepsilon = \dfrac{\Delta \varepsilon_{L1} + \Delta \varepsilon_{L2}}{2}$，而且 $\Delta \bar{\varepsilon}$ 消除了偏心弯曲引起的测量误差。

② 全桥测量。

全桥对臂测量，不仅消除了偏心弯曲和温度的影响，而且仪器读数是单臂测量的 2 倍，即

$$\varepsilon_d = \varepsilon_1 - \varepsilon_2 + \varepsilon_3 - \varepsilon_4 = 2\varepsilon_p$$

③ 纵向片串联后的半桥单臂测量。

a. 两纵向片串联后接入 AB 臂，消除了偏心弯曲和温度的影响，但没有提高灵敏度。为消除偏心弯曲的影响，可将前后轴向片串联后接在同一桥臂 AB 上，而相邻臂 BC 串接相同阻值的补偿片。AB 桥臂两轴向片的电阻变化为

$$\frac{\Delta R_{AB}}{R_{AB}} = \frac{2\Delta R}{2R} = \frac{\Delta R}{R}$$

两边同除以 K 得

$$\varepsilon_{AB} = \varepsilon + \varepsilon_t$$

b．两补偿片串联后接入 BC 臂：

$$\varepsilon_{BC} = \frac{\varepsilon_t + \varepsilon_t}{2} = \varepsilon_t$$

c．测纵向应变的仪器读数为

$$\varepsilon_d = \varepsilon_{AB} - \varepsilon_{BC} = \varepsilon + \varepsilon_t - \varepsilon_t = \varepsilon$$

④ 纵、横向片分别串联后的半桥双臂测量。

若两纵向片串联后接入 AB 桥臂，两横向片串联后接入 BC 桥臂，可以消除偏心弯曲和温度的影响，应变仪的读数为

$$\varepsilon_d = \varepsilon_{AB} - \varepsilon_{BC} = (1 + \mu)$$

如果材料的泊松比已知，这种组桥方式测量灵敏度提高 $(1+\mu)$ 倍。

5．实验步骤

（1）设计好本实验所需的各类数据表格。

（2）测量试样尺寸。

（3）估算最大实验荷载 P_{max}，并根据具体条件确定 P_0，制定加载方案。

（4）根据试样的布片情况和提供的设备条件，确定最佳组桥方式并接线。

（5）在力学多功能实验台上安装试样，开机加载前，将数字测力计调零，输入测量参数，然后对应变仪进行平衡。

（6）经检查无误后开始加载。

（7）记录数据的同时，随时检查应变增量 $\Delta\varepsilon$ 是否符合线性。实验至少重复 2 次，直至数据稳定，重复性好为止。

（8）实验完成后卸载试样，关闭电源，拆线并整理所用的设备。

6．实验报告要求

（1）简述本设计性实验的名称、目的。

（2）简述实验原理。（实验在比例极限内进行）

（3）按指导书要求设计实验方案和实验步骤。

（4）设计实验数据记录表格。

（5）用不同桥路测出的数据计算弹性模量 E。

7. 预习要求及思考题(必做)

（1）复习材料力学(Ⅰ)中有关部分。

（2）学习有关实验应力分析教材。

① 实验应力分析. 张如一. 机械工业出版社

② 实验力学基础. 宋逸先. 水力电力出版社

（3）按什么方向贴片可以获得较高的测试灵敏度？

（4）测量轴向应变如何消除偏心弯曲？如何消除温度影响？

（5）自行设计数据记录表格，整理实验数据。

8. 注意事项

（1）在测量过程中不要触动导线，以减少因接触电阻改变造成的误差。

（2）温度补偿片应靠近工作电阻片放置，使它们所处的环境温度相同。

（3）工作应力不超过比例极限的 80％。

9. 相关计算公式

拉伸时由虎克定律得

$$E = \frac{\sigma}{\varepsilon} = \frac{P}{\varepsilon A}$$

（1）
$$E = \frac{\Delta \sigma}{\Delta \varepsilon_L} = \frac{\Delta P}{\Delta \varepsilon_L A} \tag{4.7}$$

（2）
$$\mu = \frac{\overline{\Delta \varepsilon_T}}{\overline{\Delta \varepsilon_L}} \tag{4.8}$$

（3）当采用半桥和对臂全桥时

$$\varepsilon_L = \frac{\varepsilon_d}{1+\mu}$$

当采用差动全桥时

$$\varepsilon_L = \frac{\varepsilon_d}{2(1+\mu)}$$

10. 思考题（必做）

（1）试件尺寸、形状对测定弹性模量和泊松比有无影响？为什么？

（2）试件上应变片粘贴时与试件轴线出现平移或角度差，对实验结果有无影响？

（3）对你选用的接桥方式进行分析评价，说明你为什么选用该方案。

4.4 偏心拉伸实验

1. 实验目的

（1）测定矩形截面杆在偏心拉伸时横截面上正应力大小及其分布规律。

（2）与理论计算结果进行比较，以验证偏心拉伸公式 $\sigma = \dfrac{P}{A} \pm \dfrac{M_y}{I_z}$ 的正确性。

2. 仪器设备

（1）多功能组合实验台。

（2）静态电阻应变仪一部。

（3）游标卡尺一个。

3. 试件

矩形长方体扁试件，材料为不锈钢，横截面尺寸为宽度 $b = 32$ mm、厚度 $h = 2.7$ mm。

4. 预习要求

预习本节实验内容和材料力学的相关内容并书写预习报告。

5. 实验原理与方法

实验加载及测点布置如图 4-5 所示。在试件的正反两面的对称位置上各粘贴 3 片纵向应变片，其中在试件的对称轴上正反两面各贴 1 片，在对称轴左右两边的中间又正反两面各贴 1 片，并将正反两面各对称位置上的应变片进行相应串接。在另一个不锈钢的小铁块上粘贴 2 片应变片，并进行串接作为温度补偿片。实验时，纵向应变片和温度补偿片在静态应变仪上组成半桥测量。

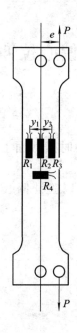

图 4-5　偏心拉伸试样

　　试件还是属于轴向拉伸试件，只是在试样的上下两端开有两个偏心孔，偏心距为 e，下端通过插销固定在基座平台上，上端通过插销与力的传感器相连接。由于拉力 P 不通过试件横截面形心，试件受力时便产生偏心拉伸。试件不仅要受到轴力 P 的作用，还要受到弯矩 M 的作用，发生轴向拉伸和弯曲的组合变形，其理论值计算如下：

$$\frac{\sigma_{\max}}{\sigma_{\min}} = \frac{P}{A} \pm \frac{M_y}{I_z}; \quad \sigma_1 = \frac{P}{A} - \frac{M_{y_1}}{I_z}$$

$$\sigma_2 = \frac{P}{A}; \quad \sigma_3 = \frac{P}{A} + \frac{M_{y_3}}{I_z}$$

$$M = P \times e; \quad I_z = \frac{bh^2}{12}$$

式中：A 为试件的横截面积；e 为偏心距；

$y = \dfrac{h}{2}$。$y_1 = y_3 = \dfrac{h}{4}$；$y_2 = 0$；y_1、y_2、y_3 为 1、2、3 号应变片到中轴的距离。

6. 实验步骤

同轴向拉伸详见 4.3 节的拉伸实验，只是此时测量纵向 1、2、3 点，插销插在偏心孔内。

7. 实验值计算

$$\sigma_1 = E\varepsilon_1 ; \quad \sigma_2 = E\varepsilon_2 ; \quad \sigma_3 = E\varepsilon_3$$

8. 思考题

（1）在实验中是怎样验证偏心拉伸公式的？怎样测定和计算偏心应力 σ？

（2）最大和最小偏心应力发生在试件的哪个部位？其值多大？

4.5 压杆稳定临界载荷的测定

1. 实验目的

(1) 观察压杆丧失稳定的现象。

(2) 用实验方法测定两端铰支受压杆件的临界载荷 P_{cr}，并与欧拉公式理论值进行比较。

2. 实验设备

(1) 静态电阻应变仪一部。

(2) 组合实验台。

3. 实验原理

对于细长杆受压的临界载荷 P_{cr}，采用欧拉公式计算：

$$P_{cr} = \frac{\pi^2 EI}{\mu L^2}$$

式中：I 为截面最小惯性矩；L 为试件长度；μ 为长度系数，两端铰支时 $\mu=1$。

上述临界载荷是在小变形和"理想压杆"的条件下导出的。当 $P < P_{cr}$ 时，压杆始终保持原有直线形状的稳定平衡。当 $P = P_{cr}$ 时，压杆即处于直线与微弯的临界状态，如图 4-6 所示。若以载荷 P 为纵坐标，压杆中点挠度 δ 为横坐标，轴压力与挠度之间的理论关系是 $OA \sim AB$ 折线，如图 4-7 所示，但是实际的压杆载荷很难准确作用在轴线上，且杆件的平直和均匀程度等均会偏离理想化，所以实际的实验曲线将会沿着 $OA'B'C'$ 曲线。因此只能用 AB' 渐近线确定临界载荷 P_{cr} 的大小。

测量挠度 δ 值时可用挠度计或千分表测量，也可用粘贴电阻应变片测量杆件中部的应变量。

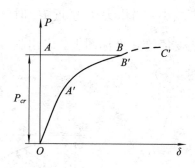

图 4-6　处于微弯状态的压杆　　　　　图 4-7　压杆的 $P-\delta$ 曲线

4. 实验装置及实验方法

将一矩形截面压杆置于组合实验台上，应用电测法测量，试件为弹簧钢材料，两端置于 V 形槽中，相当于铰支。试件两侧中部各贴一个电阻应变片 1 和 2 以测量其应变，见图 4-8。

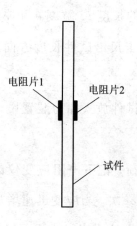

电阻片1　　电阻片2

试件

图 4-8　试样

实验时逐级加载，但各级载荷增量不宜完全相同。为了精确地绘出曲线，在预估算的临界载荷值约 80％ 以内时分成 4～5 级等量加载。过此范围后，继续加载，要注意应变迅速变化的时刻，可以倒过来用应变增量来读取载荷量，此时载荷增量会逐渐减小。当压力 P 接近 P_{cr} 时，压杆将发生显著弯曲变形。终止实验后，将载荷和应变值绘在坐标图上，定出临界载荷值，并与理论值进行比较。载荷和应变曲线见图 4-9。

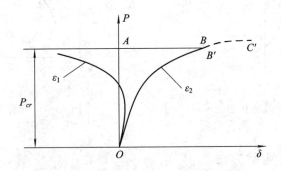

图 4-9　$P-\varepsilon_1$ 和 $P-\varepsilon_2$ 曲线

5. 实验步骤

（1）试件准备。测量试件的长度 l、宽度 b 和厚度 h。因为试件的厚度对临界载荷的影响极大，故应使用游标卡尺沿试件长度方向测量 5～6 处横截面的厚度，取其平均值。

（2）安装试件和仪器。将试件放入加力装置中，保证压力通过试件的轴线，接好电阻应变仪导线。

（3）进行实验。加一初载荷，记下电阻应变仪的初读数。缓慢加载，每加一定量载荷，记录电阻应变仪读数一次。当应变迅速增加时，改为根据一定大小的应变增量来读取载荷，直至达到一定的变形时为止。

6. 实验报告

根据实验记录，将荷载与应变读数填写在实验报告中。在方格纸上绘出 $P-\varepsilon_1$

曲线和 $P-\varepsilon_2$ 曲线，并据此确定临界荷载 P_{cr}，并将理论值与实验值比较，以验证欧拉公式。

7. 注意事项

勿使试件弯曲变形过大，以免应力超出比例极限使损坏试件。

8. 思考题

(1) 本实验装置与理想情况有何不同之处？

(2) 为什么说试件厚度对临界荷载影响极大？

(3) 压缩实验与压杆稳定性质有何不同？

(4) 为什么说欧拉公式是在小变形条件下导出的？

4.6 弯扭组合的主应力和内力的测定

1. 实验目的

（1）学习综合性实验的基本方法，培养实验的设计能力。

（2）培养利用实验方法解决实际问题的能力。

（3）培养实验数据处理的能力。

（4）掌握组合变形试样内力的测量方法。

2. 实验任务

（1）根据设计任务要求，写出预习报告。

（2）测定弯扭圆管在平面应力状态下一点的主应力大小及方向。

（3）测定圆管在弯扭组合下的弯矩和扭矩。

（4）设计几种不同的组桥方式进行测试。

（5）设计实验数据记录表格。

（6）计算 A 点、B 点、C 点、D 点的主应力的大小及方向。

（7）根据实测结果计算由不同桥路分离出的内力分量弯矩 M、剪力 Q 和扭矩 M_n。

3. 实验仪器及试件

（1）多功能组合实验装置一台。

（2）TS3860/TS3862 型静态数字应变仪一台。

（3）弯扭组合变形梁一根。

（4）有关数据：

薄壁圆筒材料：薄壁圆筒材料的材质为钢，圆筒外径 $\Phi = 40$ mm，壁厚 $B =$

1.6 mm，$L_1=210$ mm，$L_2=165$ mm。

机械指标：弹性模量 $E=210$ GPa，$\mu=0.28$。

载荷：采用分级加载，预加载荷 50 N，调节应变仪置零，或记录应变仪的初读数，再按 150 N、300 N、450 N、600 N 分级加载，并记录各级载荷下应变仪的读数应变。

4. 实验原理

弯扭组合实验是材料力学实验的重要内容，在工程中的构件所承受的载荷和变形一般都比较复杂，但总可以简化为几种简单载荷和几种基本变形形式的组合。

弯扭组合薄臂圆筒实验梁是由薄壁圆筒、扇臂、手轮、旋转支座等组成的。实验时，转动手轮，使加载螺杆和载荷传感器都向下移动，载荷传感器就有压力电信号输出，此时电子秤数字显示出作用在扇臂端的载荷值。扇臂端的作用力传递到薄壁圆筒上，使圆筒产生弯扭组合变形。薄壁圆筒弯扭组合变形受力简图如图 4-10 所示。

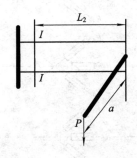

图 4-10　薄壁圆筒受力图

截面 I-I 为被测位置，由材料力学可知，该截面上的内力有弯矩、剪力和扭矩。取其前、后、上、下的 A、C、B、D 为四个被测点，其应力状态如图 4-11 所示。

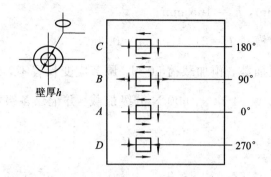

图 4-11 A、B、C、D 点应力状态

每点处按－45°、0°、＋45°方向粘贴一个三轴 应变花（见图 4-12）。弯扭组合变形薄壁圆筒表面上的点处于平面应力状态，先用应变花测出三个方向的线应变，随后算出主应变的大小和方向，再运用广义虎克定律公式即可求出主应力的大小和方向。

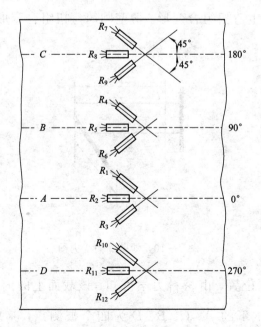

图 4-12 每点处接－45°、0°、＋45°方向黏贴一个三轴 45°应变花

（1）指定点的主应力和主方向测定直角应变花（$-45°$、$0°$、$+45°$）。

- 实验值

主应力大小为

$$\sigma_1 = \sigma_3 = \frac{E}{1-\mu^2}\left[\frac{1+\mu}{2}(\varepsilon_{-45°}+\varepsilon_{45°}) \pm \frac{1-\mu}{\sqrt{2}}\sqrt{(\varepsilon_{-45°}-\varepsilon_{0°})^2+(\varepsilon_{0°}-\varepsilon_{45°})^2}\right]$$

主应力方向为

$$\tan 2\alpha_0 = \frac{\varepsilon_{45°}-\varepsilon_{-45°}}{(\varepsilon_{0°}-\varepsilon_{-45°})-(\varepsilon_{45°}-\varepsilon_{0°})}$$

- 理论值

主应力大小为

$$\sigma_1 = \sigma_3 = \frac{\sigma_M}{2} \pm \sqrt{\left(\frac{\sigma_M}{2}\right)^2 + \tau_T^2}$$

主应力方向为

$$\tan 2\alpha_0 = -\frac{2\tau_T}{\sigma_M}$$

也可以用以下方法来计算主应力的大小及方向：

$$\varepsilon_1 = \varepsilon_2 = \frac{\varepsilon_{-45°}+\varepsilon_{45°}}{2} \pm \frac{\sqrt{2}}{2}\sqrt{(\varepsilon_{-45°}-\varepsilon_{0°})^2+(\varepsilon_{45°}-\varepsilon_{0°})^2} \tag{4.10}$$

$$\tan 2\alpha = \frac{\varepsilon_{45°}-\varepsilon_{-45°}}{2\varepsilon_{0°}-\varepsilon_{-45°}-\varepsilon_{45°}} \tag{4.11}$$

用广义虎克定律即可求得各点的主应力大小：

$$\sigma_1 = \frac{E(\varepsilon_1+\mu\varepsilon_2)}{1-\mu^2} \tag{4.12}$$

$$\sigma_2 = \frac{E(\varepsilon_2+\mu\varepsilon_1)}{1-\mu^2} \tag{4.13}$$

（2）确定单一内力分量及其所引起的应变。

① 将 B、D 两点方向的应变片接成半桥线路进行半桥测量，由应变仪读数应变 ε_{Md} 即可得到 B、D 两点由弯矩引起的轴向应变 ε_M：

$$\varepsilon_M = \frac{\varepsilon_{Md}}{2} \qquad (4.14)$$

将上式代入 $M = \varepsilon_M EW$ 中，可得到截面 I-I 的弯矩实验值为

$$M = \frac{\varepsilon_{Md} EW}{2} \qquad (4.15)$$

② 剪力 Q 及其所引起的应变的测定。将 A、C 两点 $45°$ 方向和 $-45°$ 方向的应变片接成对臂全桥线路进行全桥测量。由应变仪读数应变 ε_{Qd} 可得到剪力引起的剪应变 γ_Q 的实验值为

$$\gamma_Q = \frac{\varepsilon_{Qd}}{2} \qquad (4.16)$$

将式(4.16)代入下式：

$$Q = \frac{\gamma_Q EA}{4(1+\mu)}$$

即可得到截面 I-I 的剪力实验值为

$$Q = \frac{\varepsilon_{Qd} EA}{8(1+\mu)} \qquad (4.17)$$

③ 扭矩 M_n 及其所引起应变的测定。将 A、C 两点 $45°$ 方向和 $-45°$ 方向的应变片接成差动全桥线路进行全桥测量。由应变仪读数应变 ε_{nd} 可得到扭矩引起的剪应变 γ_n 的实验值为

$$\gamma_n = \frac{\varepsilon_{nd}}{4} \qquad (4.18)$$

将式(4.18)代入下式：

$$M_n = \frac{\gamma_n EW_p}{2(1+\mu)}$$

即可得到截面Ⅰ-Ⅰ的扭矩实验值为

$$M_n = \frac{\varepsilon_{nd} E W_p}{8(1+\mu)} \qquad (4.19)$$

5. 预习及讨论(必做)

(1)预习本实验指导书。

(2)复习材料力学中有关组合受应力状态强度计算的内容。

(3)学习有关实验应力分析教材。

(4)测量单一内力分量引起的应变,还可以有哪几种桥路接线法?

(5)测弯矩时,这里用两枚纵向片组成相互补偿电桥,也可只用一枚纵向片,外补偿电桥,两种方法何者较好?

6. 实验报告要求

(1)简述本实验名称、目的和要求、实验设备和装置。

(2)概述实验原理和方法。

(3)报告中的步骤、实验记录数据、实验计算结果等应齐全。

7. 思考题(必做)

(1)测定由弯矩、剪力、扭矩所引起的应变,还有哪些接线方法,请画出测量电桥的接法。

(2)本实验中能否用二轴45°应变花替代三轴45°应变花来确定主应力的大小和方向?为什么?

参 考 文 献

[1] 侯德门，赵挺，殷民. 材料力学实验[M]. 西安：西安交通大学出版社，2011.

[2] 付朝华. 材料力学实验[M]. 北京：清华大学出版社，2010.

[3] 黄英娣，虞爱平. 材料力学实验[M]. 重庆：重庆大学出版社，2010.

[4] 郑文龙. 材料力学实验教程[M]. 长沙：国防科技大学出版社，2009.

[5] 张明，苏小光，王妮，等. 力学测试技术基础[M]. 北京：国防工业出版社，2011.